"十四五"职业教育部委级规划教材

FUZHUANG KUANSHI SHEJI
SHOUHUIPIAN

服装款式设计

手绘篇

汪 洪 康 静 ◎主 编
莫海莹 潘 虹 ◎副主编

中国纺织出版社有限公司

内 容 提 要

本书采用项目任务式教学法，从服装零部件款式图的绘制入手，系统介绍了上装款式图、下装款式图和连衣裙款式图的绘制步骤，并以一些款式图的临摹作为实训项目，加强学习效果。每个项目都设有知识窗、任务目标、任务描述及任务实施，同时以各类款式图为例进行分析与练习，使教材内容更加浅显易懂。

本书可作为中职院校服装设计与工艺专业的教材，也可供服装企业的款式设计人员参考。

图书在版编目（CIP）数据

服装款式设计. 手绘篇 / 汪洪，康静主编；莫海莹，潘虹副主编. --北京：中国纺织出版社有限公司，2023.8

"十四五"职业教育部委级规划教材

ISBN 978-7-5229-0735-2

Ⅰ. ①服… Ⅱ. ①汪… ②康… ③莫… ④潘… Ⅲ. ①服装设计－职业教育－教材 Ⅳ. ①TS941.2

中国国家版本馆CIP数据核字（2023）第125680号

责任编辑：孔会云　朱利锋　　责任校对：高　涵
责任印制：王艳丽

中国纺织出版社有限公司出版发行
地址：北京市朝阳区百子湾东里A407号楼　邮政编码：100124
销售电话：010—67004422　传真：010—87155801
http://www.c-textilep.com
中国纺织出版社天猫旗舰店
官方微博http://weibo.com/2119887771
北京华联印刷有限公司印刷　各地新华书店经销
2023年8月第1版第1次印刷
开本：787×1092　1/16　印张：6
字数：80千字　定价：48.00元

前　言

近年来，我国纺织服装职业教育飞速发展，为服装企业输送了大量实用的技能型人才。服装款式设计是服装设计与工艺专业的重要基础课程之一，对该课程的学习效果直接影响着学生对服装设计专业的认知程度和领悟能力。

绘画是服装设计专业的必修基础课程，手绘能力是学生必须掌握的技能，在整个专业课中占较大的比重。本书主要针对中职院校学生的特点，总结了大量一线教师的教学经验和教学方法，采用项目任务的形式，由浅入深、由易到难，讲解内容逐渐递进，并结合新颖的款式设计，使学生能够循序渐进地掌握手绘服装款式图的方法和要领。

书中设置有详细的、过程清晰的绘制步骤及款式图例，以便为学生在学习过程中对款式图的绘制及训练提供基础参考。每个任务都提炼出了知识链接、任务目标、任务描述、任务实施，旨在让学生对所学内容有更好的认识和理解。

本书设置内容见下表，各院校可根据实际教学情况灵活安排课时数。

项目	任务	课程内容
项目一 服装零部件款式图绘制	任务一	服装口袋绘制
	任务二	服装领子绘制
	任务三	服装袖子绘制
项目二 下装款式图绘制	任务一	半身裙绘制
	任务二	裤装绘制
项目三 上装款式图绘制	任务一	衬衣绘制
	任务二	女外套绘制
	任务三	羽绒服、棉服绘制
项目四 连衣裙款式图绘制	任务一	日常款连衣裙绘制
	任务二	礼服绘制

由于编者水平有限，书中难免存在错漏和不足之处，敬请广大读者批评指正。

编者
2023 年 3 月

目 录

项目一

服装零部件款式图绘制

服装口袋绘制

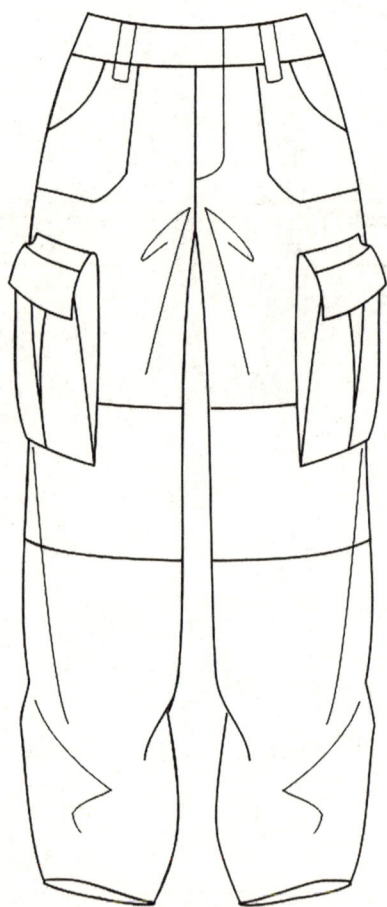

▶ 知识窗

一、口袋在服装上的作用

（1）用来装随身携带的小件物品，具有使用功能。

（2）对不同造型的服装起装饰和点缀的作用。

二、口袋的造型

根据口袋的结构和特点有贴袋、挖袋、插袋、里袋和假袋等。

（1）贴袋。贴附在衣服的主体造型上，由于口袋的整个形状完全显露在外，所以又称明袋。

特点：容易吸引人的视线，装饰作用很强，是服装整体风格形成的重要部分。

（2）挖袋。也称暗袋，衣袋的袋体在衣服里，袋口可以开单开线或双开线，也可以加袋盖。

特点：简洁明快，工艺质量要求比较高，变化主要在袋口上，有横开、竖开、斜开，有袋盖、无袋盖等多种形式。

（3）插袋。指在衣服的结构线上设计的衣袋，袋口与服装的接缝浑然一体。衣身的侧缝、公主缝以及裤子左右裤缝上多用插袋。

特点：通常具有简洁、含蓄、精致的特征。

（4）里袋。指缝在衣服里面的口袋，也称为内袋。多在衣服内里向胸处，常用于西服、风衣、外套、大衣。与其他袋型相比，具有很强的实用功能。

（5）假袋。造型与真正口袋相差无几，但没有实用价值，只是满足服装造型的外观效果需要。

▶ 任务目标

1.掌握口袋的种类并能描述其款式特点。

2.能绘制贴袋、挖袋等不同口袋的款式图。

任务描述

以几种不同类型的口袋零部件为例，对服装局部设计进行表现。通过学习，使学生了解口袋与服装之间的整体关系，并能对口袋进行表现。

任务实施

一、贴袋绘制要点

贴袋是贴缝在服装表面的口袋，是所有口袋中造型变化最丰富的一类。设计贴袋时，除了要准确地画出贴袋在服装中的位置和基本形状外，还要注意表现出贴袋的缝制工艺和装饰的特征。贴袋的缝制方法有两种，一种是平贴袋，另一种是褶裥贴袋。如图1-1-1所示。

绘制贴袋的步骤比较简单，一般是先画外轮廓，再进行内部结构的细节描绘。绘制步骤和要点有：

（1）绘制出贴袋的外形，注意左右对称。

（2）绘制贴袋内部的款式结构。

（3）绘制缝迹线并加粗外轮廓线。

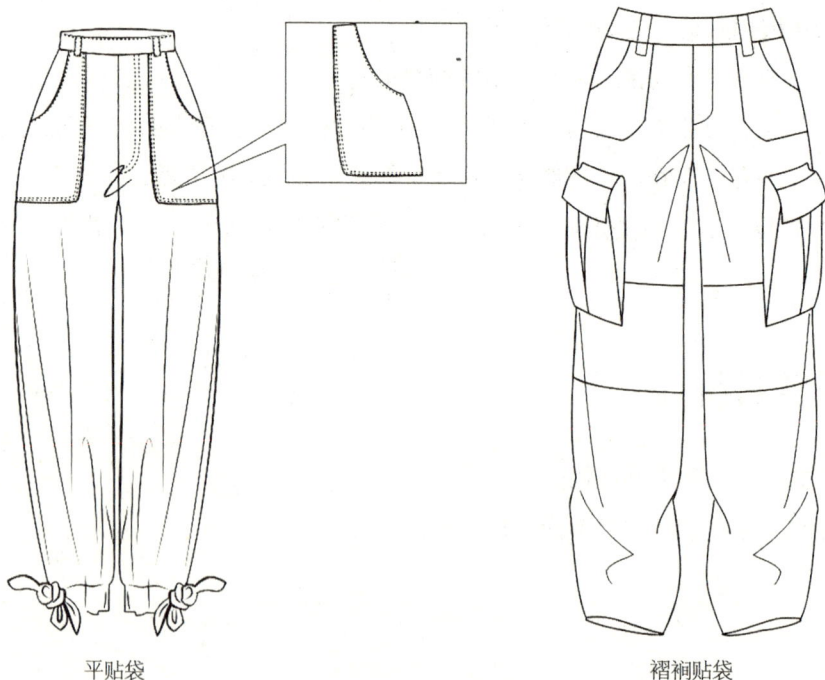

平贴袋   褶裥贴袋

图1-1-1　贴袋造型

二、技能实训

根据图 1-1-2 所示，临摹不同形式的口袋。

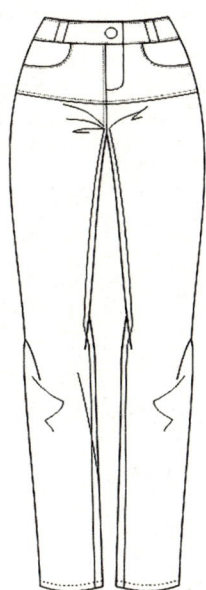

月亮挖袋

插袋

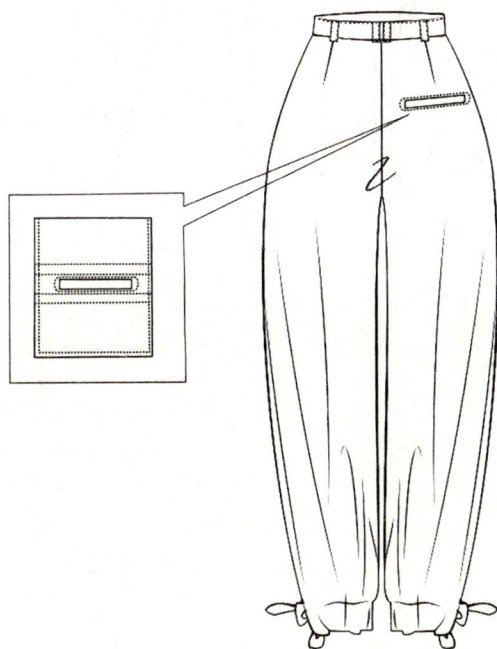

单开线挖袋

图 1-1-2 不同形式的口袋

服装领子绘制

▶ 知识窗

一、衣领在服装上的作用

衣领是服装上至关重要的部分，式样繁多，变化丰富，是组成服装最主要的零部件之一。

衣领是突出款式的重要部分，因为它非常接近人的面部，处在视觉中心。所谓"提纲挈领"，也表明了领子是衣服的关键。

二、绘制领型的要素及决定衣领外观的因素

与衣领相关的名称有领座、领面、领贴、领上口线、驳头、翻折线、外领口线等。

1. 绘制领型的要素

绘制领型的要素有：领线的形状、领座的高低、翻折线的特点、领轮廓线的造型、领尖的修饰、领型的宽度、领面的装饰等。

2. 决定衣领外观的因素

（1）领围的线到颈根的距离。

（2）领座的高低。

（3）翻领的领深与领型（领面的形状）。

（4）驳领的大小和形状。

三、衣领的分类

1. 根据领型的变化方式分类

服装的衣领主要分为有领与无领两大类。有领的衣领既有领线，又有领面，如立领、翻领、坦领、驳领等。有领的衣领又可分为关门领（如立领、翻领）和开门领（如驳领）。无领的衣领只有领线而没有领面，如圆领、一字领、V字领、方形领等，衣领变化丰富、结构简单、成本低且效果多样。

（1）圆领。圆领简洁、大方、自然，可进行各种装饰，常见的圆领有包边、加牙等（图1-2-1）。

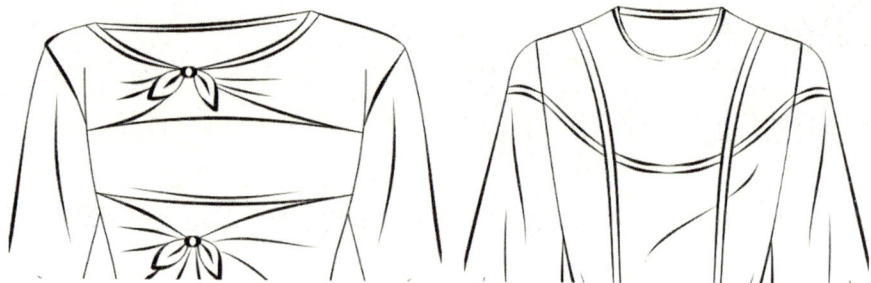

图 1-2-1　圆领

（2）一字领。又称船型领，一字领的领口是横向的一字线形，最能显示出肩部线条（图 1-2-2）。

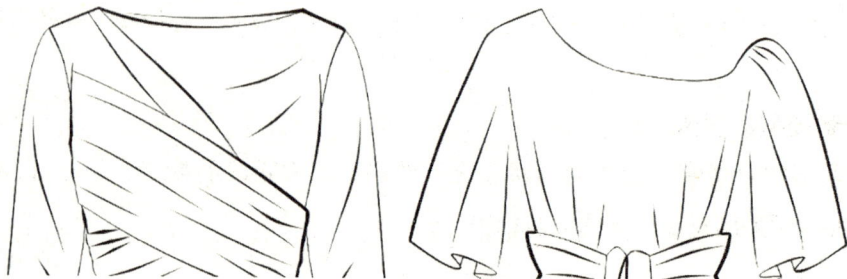

图 1-2-2　一字领

（3）方形领。方形领高贵大方，并可根据整体风格需要来调节方形的大小以及长短。小方领显得年轻、活泼，大方领显得高贵、典雅。方形领不适合脸型丰满的人（图 1-2-3）。

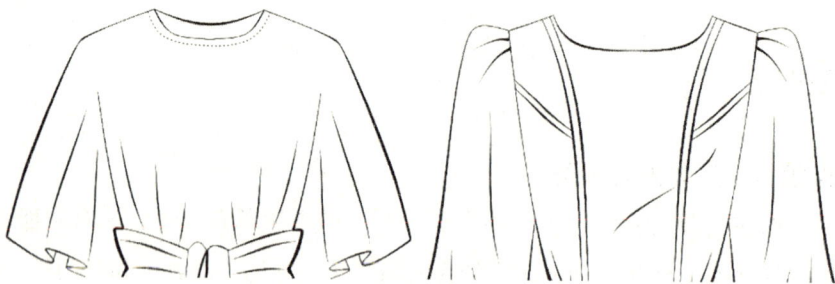

图 1-2-3　方形领

（4）V字领。领围线形同V字，多用于毛衣、马甲、衬衫、贴身的内衣等（图 1-2-4）。V字领的特点是庄重、严谨且富于变化。V字领可以充分展示面部及颈部，能起到修饰脸型的作用，不适合颈部较长及长脸型的人。

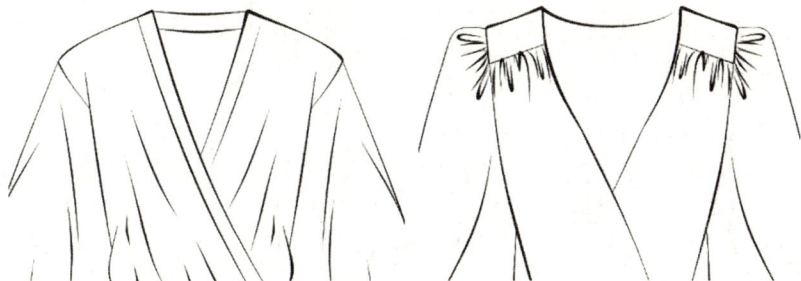

图1-2-4　V字领

（5）立领。立领是领面向外翻摊的一种领型，可分为单立领和立翻领。立领具有挺拔感，视觉上给人以拉长的效果。有领口向颈部倾斜、领口向外部倾斜和卷领三类，开口有中开、侧开、后开等。立领是领型中较简单的，也是比较基础的领型。立领的外观主要受领底线和领高的影响，是中式服装常用的领型（图1-2-5）。

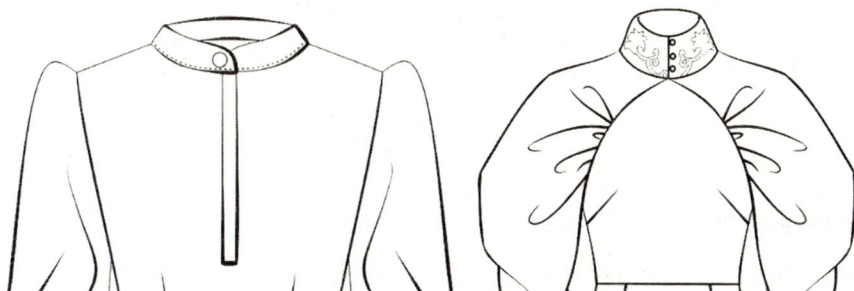

图1-2-5　立领

（6）翻领。翻领是以领座和领面组合而成的领型，有企领、平领、驳领等。企领常被叫作"衬衫领"，企领是以立领为领座、翻领做领面构成的领型，常见的衬衫领是企领的代表。经典的风衣领型也属于企领。领座的立领结构可变化的程度较小，可以在领面部分做大胆的设计尝试。平领的领座和领面由一片面料组成，领座很小，几乎没有，常用在夏装、童装、便装上，如海军领、荷叶领等。驳领以西装领作为基础，由驳领和翻领组成，是西服领、青果领、戗驳领等的统称，它是使用范围最广、变化最丰富的领型，常用于西服套装、外套、风衣、大衣、制服等。

翻领是领面向外翻推开的一种领型，有加领底和不加领底两种形式。平领是不加领底的，其外形可根据设计者的意图自行设计，一般来说，领子应平贴于衣身，所以平领的领角线应随衣片领窝的形状而变化（图1-2-6）。而企领和驳领是加领底的，如图1-2-7所示。

图1-2-6　平领

图1-2-7　加领底的翻领

2. 根据领的造型分类

根据领的造型，可分为对称式和平衡式两种。

（1）对称式。常见的对称式衣领有企领、平领、方领、圆领、V字领等，显得庄重、稳定、严谨，多用在正规的礼服上，如衬衫、中山装等。

（2）平衡式。主要有对襟领、西装领等，由于其不对称的特点，故有生动、流畅、活泼、自由等效果。在设计中具有更多自由发挥的空间。

▶ 任务目标

1.掌握领子的分类并能描述其款式特点。

2.能绘制立领、翻领、翻驳领等不同款式的领子。

▶ 任务描述

以几种不同类型的领子零部件为例，对服装局部设计进行表现。通过学习，使学生了解领型与服装之间的整体关系，并能对领型进行表现。

▶▶ 任务实施

一、驳领绘制步骤

驳领是服装结构设计中用途最广、结构最复杂的一种领型，其结构设计主要包括领窝、驳头、翻领领片三个部分。设计难点是翻领领片倒伏量（翻领松度）的设计。

首先要了解女性上半身的结构和比例。然后根据人体比例分段绘制出辅助线。如图1-2-8所示一步一步绘制直至完成。

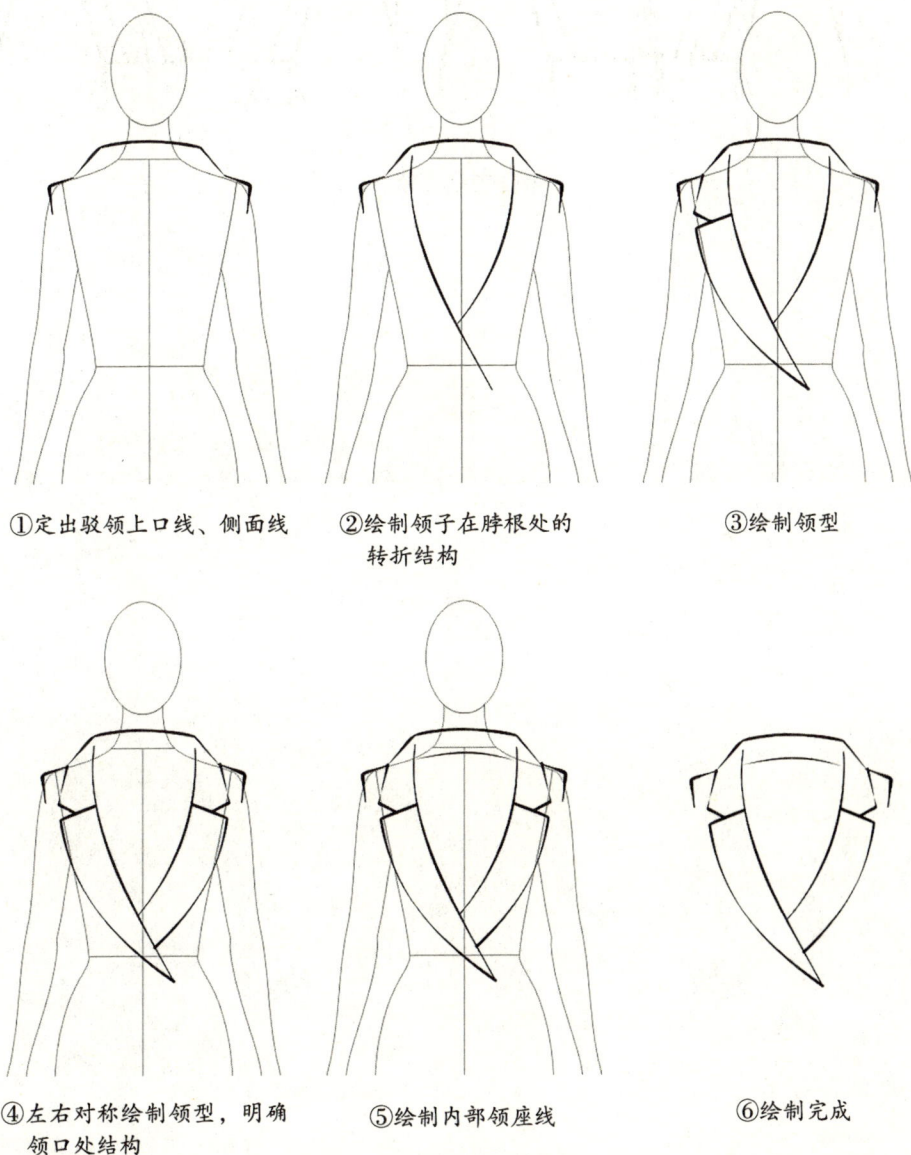

①定出驳领上口线、侧面线　　②绘制领子在脖根处的　　③绘制领型
　　　　　　　　　　　　　　　　转折结构

④左右对称绘制领型，明确　　⑤绘制内部领座线　　⑥绘制完成
　领口处结构

图 1-2-8　驳领绘制步骤

二、技能实训

临摹图1-2-9所示领子款式图的正、背面。

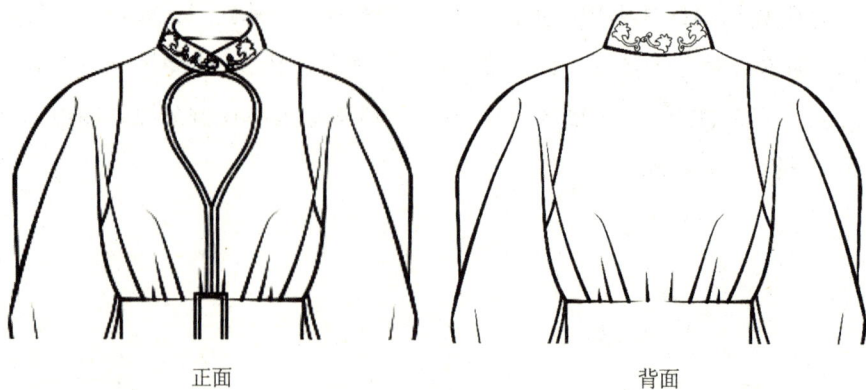

正面　　　　　　　　　　背面

图1-2-9　领子款式图

服装袖子绘制

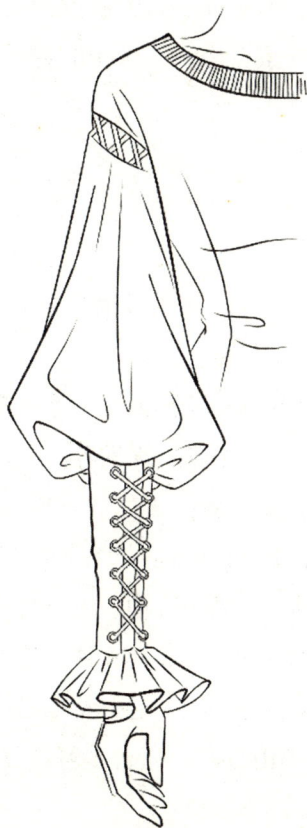

➤ 知识窗

一、袖子对于服装的作用

袖子是服装的三大基本部件之一，在服装造型中具有重要的作用，它是根据人体上肢结构及运动技能来造型的。设计时主要考虑季节的需要和服装整体造型的协调。如想表现严谨大方的风格，一般可选用装袖；若想表现轻松温和的风格，一般可选用连袖；灯笼袖则会表现得可爱、轻松，喇叭袖则会显得时尚优雅。

手臂是身体活动的重要部分，因此袖子是上衣中活动频率和使用率最高的部位，所以袖子的功能性设计是服装设计的重点之一，袖子的舒适度在很大程度上决定了服装的品质。

二、袖子的种类

袖型的变化包括袖口的大小、宽窄、粗细和袖口的形状，尽管局部的装饰变化很多，但都要与服装整体的变化统一。

（1）按裁片分，有一片袖、两片袖、三片袖、多片袖等。

（2）按长短分，有长袖、短袖、七分袖、无袖等。

（3）按形态分，有喇叭袖、羊腿袖等。

（4）按服装的种类分，有大衣袖、西装袖、T恤袖、衬衫袖等。

（5）按装接方法分，有插肩袖、连袖、装袖、组合袖等。

（6）按袖子的造型分，有连袖、西服袖、衬衣袖、泡泡袖、插肩袖等。

①连袖，即袖片与衣片完全或部分连在一起，特点是没有袖窿线。

②西服袖，因其袖围较窄、袖山较高，适合手臂动作幅度小的时候穿着，它的特点是挺阔利落、立体感强。

③衬衫袖，袖山比西服袖矮，袖围较大，袖口收于腕部。

④泡泡袖，也称灯笼袖，特点是袖山高高隆起，袖身逐渐变细，到袖口收紧。

⑤插肩袖，将袖窿的分割线由肩头转移到领窝附近，使肩部与袖子连接在一起，视觉上起拉长手臂的作用。

➤ 任务目标

1.掌握袖子分类，并能描述其款式特点。

2.能绘制西服袖、泡泡袖、插肩袖、喇叭袖等不同袖子的款式图。

▶ 任务描述

以不同类型的袖子为例，对服装局部设计进行表现。使学生了解袖子是服装中覆盖人体上肢的重要部位，了解袖子与服装之间的整体关系，并能对袖子进行表现。

▶ 任务实施

一、插肩袖绘制步骤

插肩袖的特征是装袖线不在正常臂根的位置，而是使袖子的袖山延伸到肩部，视觉上增加了手臂的长度。运动装、大衣、风衣多采用插肩袖。插肩袖在构成形式上有全插肩、半插肩，一片袖和两片袖之分。

首先，了解女性上半身的结构和比例。其次，根据所学的知识按人体比例分段绘制出辅助线，如图1-3-1所示，一步一步直至绘制完成。最后，调整袖型并删除所有的辅助线（图1-3-2）。

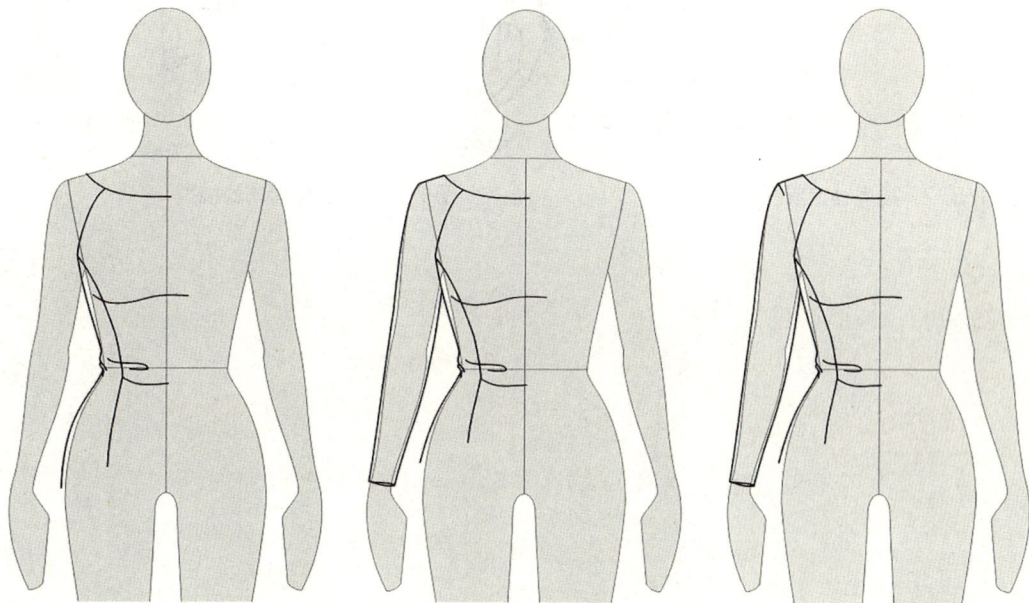

①定出袖子在肩部、领口的　②从袖子起点开始顺手臂内外　③绘制肩与手臂转折处
　起点　　　　　　　　　　　　侧画出袖子的外轮廓线

图1-3-1　插肩袖绘制步骤

二、技能实训

临摹如图1-3-3所示变化形式的袖型。

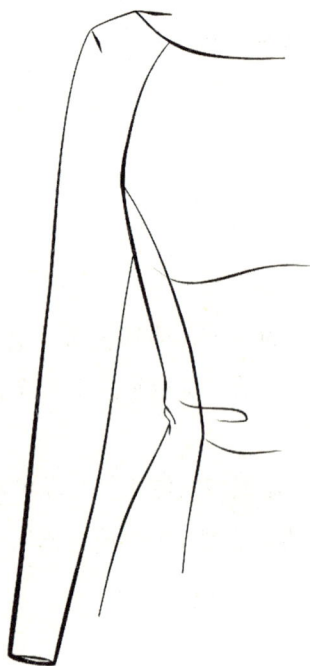

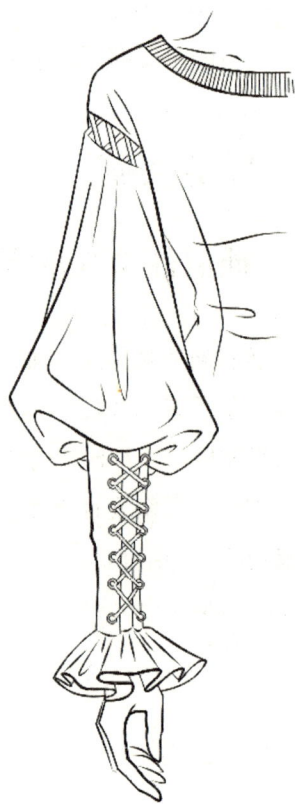

花瓣袖　　　　　　　　灯笼袖

图1-3-2　插肩袖完成图　　　　　图1-3-3　变化形式的袖型

项目二

下装款式图绘制

半身裙绘制

▶ 知识窗

裙装是一种围于下肢的服装,属于下肢的两种基本形式之一（另一种是裤装）。广义的裙子还包括连衣裙、衬裙、腰裙等。裙子一般由裙腰和裙体构成,有的只有裙体而无裙腰。裙子因其通风散热性能好、穿着方便、便于行动、造型美观、样式多变等诸多优点而为人们广泛接受,其中以女性穿着较多。

▶ 任务目标

1. 掌握半身裙的款式特点及分类。
2. 掌握半身裙款式的绘制方法。
3. 能绘制短裙、中裙、长裙等的款式图并能表现绳带、衩、褶、分割线等。
4. 能准确表达款式图的比例关系。

▶ 任务描述

以一步裙为例,掌握半身裙款式图的绘制,初步认识各种线条的表达,并掌握半身裙外形特征及设计要点。通过学习,了解裙装款式的设计图表现,使学生具备裙装款式的资料收集、分析等能力。

▶ 任务实施

一、款式分析

图2-1-1所示为半身一步裙,裙子的廓型可完美掩饰穿着者身材的缺陷,穿着后不仅显瘦还很知性。腰间较宽的腰带设计具有装饰效果。既不失职场女性的优雅端庄,又体现出时尚干练,适合不同场合穿搭。

二、半身一步裙绘制步骤

首先要了解女性下半身的结构和比例,然后按比例分段绘制出辅助线,如图2-1-2所示,一步一步直至绘制完成。

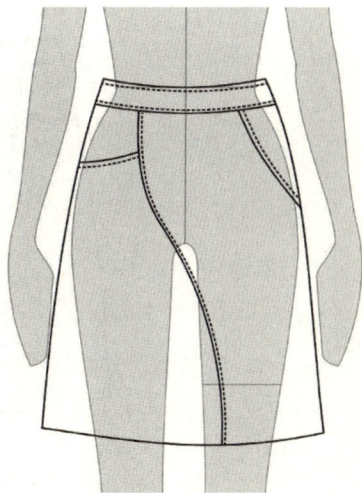

图2-1-1 半身一步裙

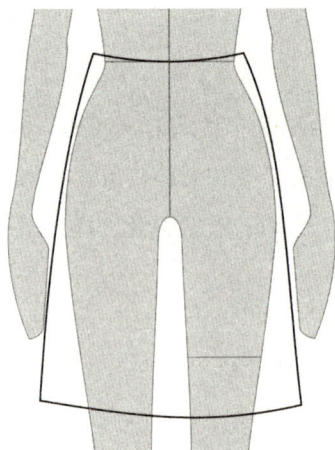

①绘制半裙轮廓　　　　　②绘制半裙腰头

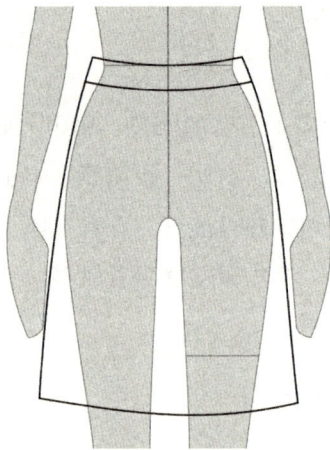

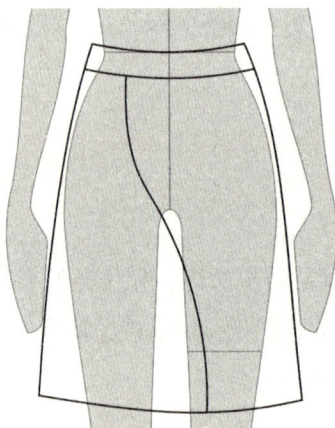

③绘制半裙不对称竖向分割线　　④绘制半裙横向分割线

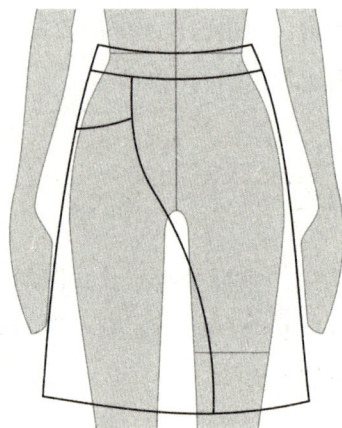

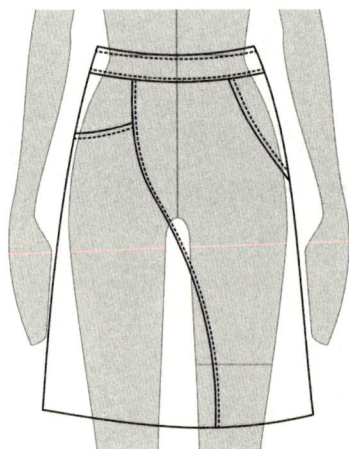

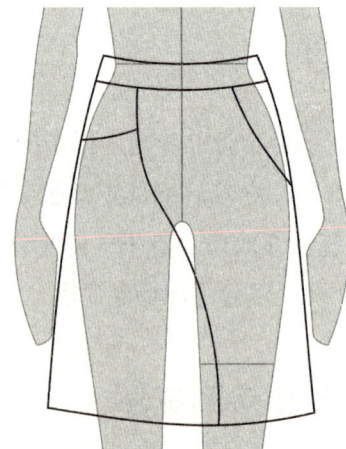

⑤绘制半裙口袋位　　　　⑥绘制半裙腰头和分割线明线

图2-1-2　半身一步裙绘制步骤

三、技能实训

临摹图2-1-3～图2-1-14所示各种裙款式图的正、背面。

正面　　　　　　　　背面

图2-1-3　褶裥裙

正面　　　　　　　　背面

图2-1-4　不对称半身裙

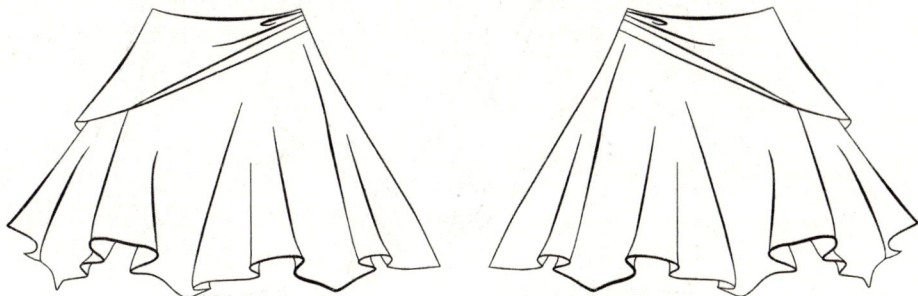

正面　　　　　　　　背面

图2-1-5　波浪半身裙

正面　　　　　　　　　背面

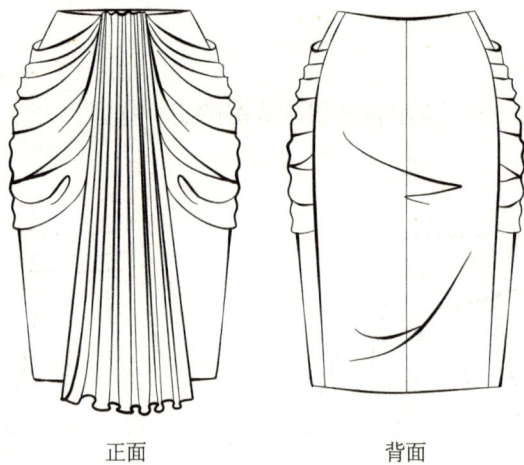

图2-1-6　褶皱包臀裙

正面　　　　　　　　　背面

图2-1-7　前中开衩半身裙

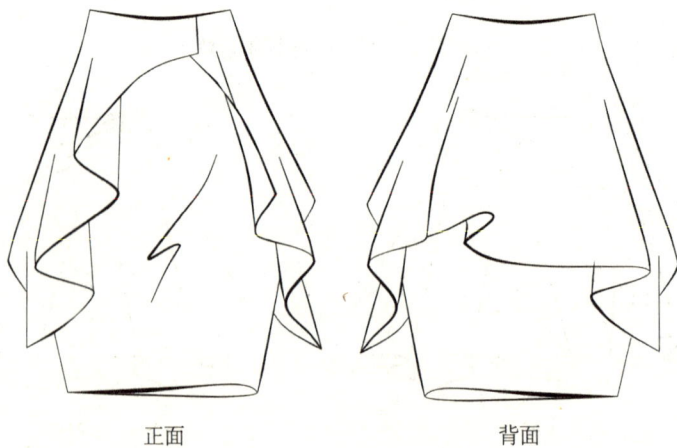

正面　　　　　　　　　背面

图2-1-8　变化款半身裙

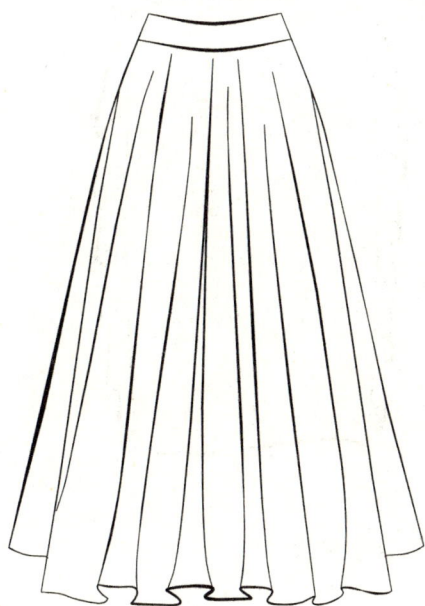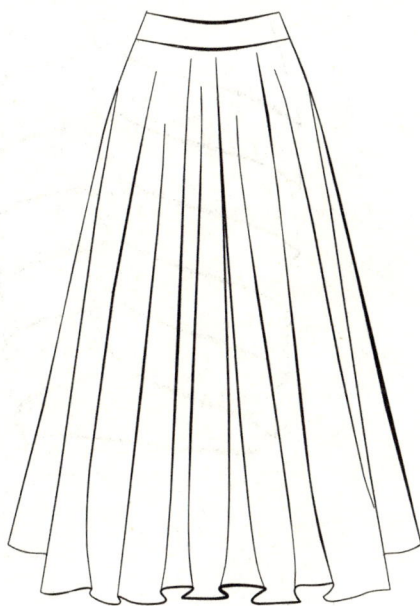

正面   背面

图2-1-9 波浪长裙

正面   背面

图2-1-10 半身塔裙

正面　　　　　　　　　　背面

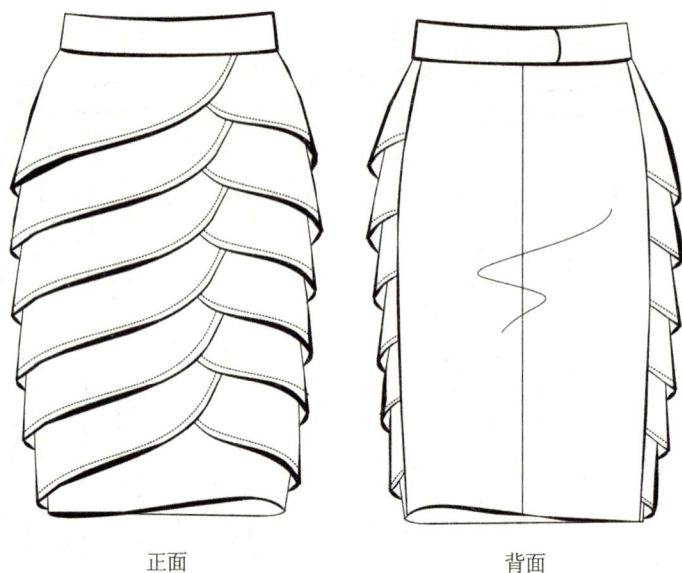

图2-1-11　假式半身塔裙

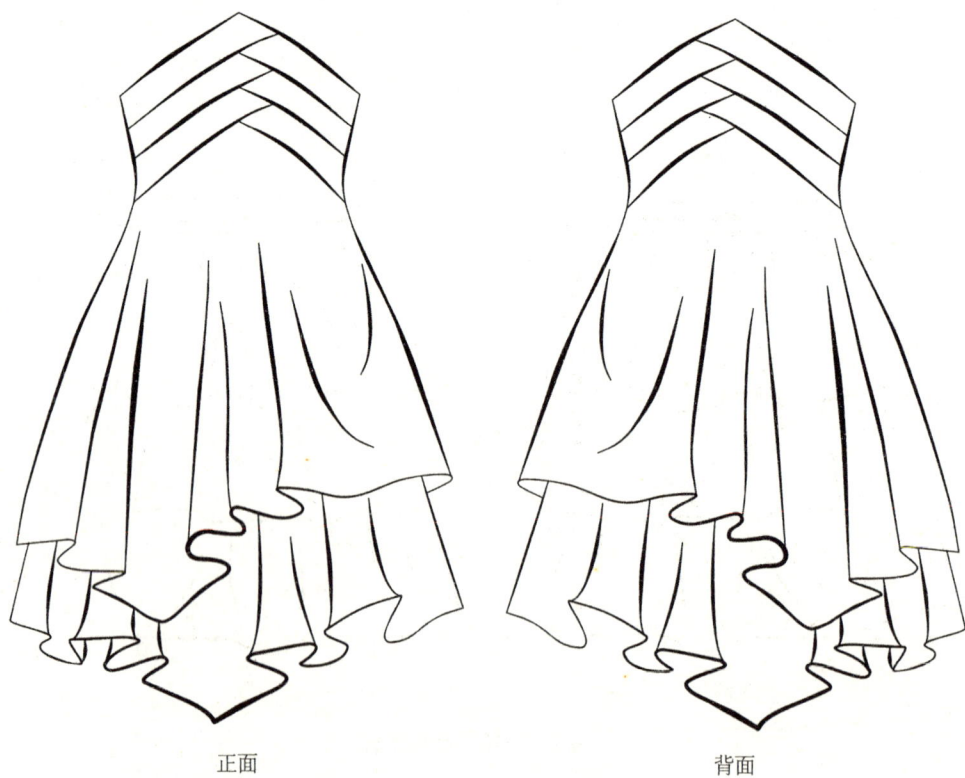

正面　　　　　　　　　　背面

图2-1-12　高腰波浪裙

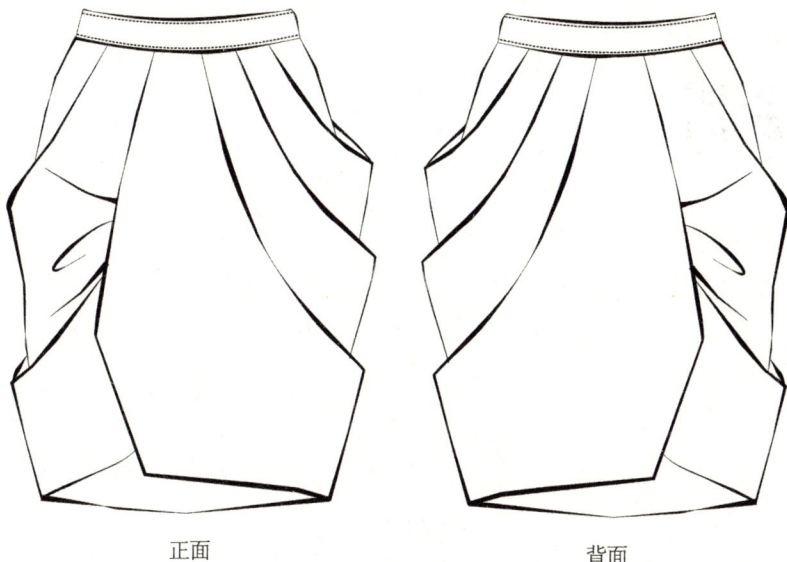

正面

背面

图2-1-13　箱型半身裙

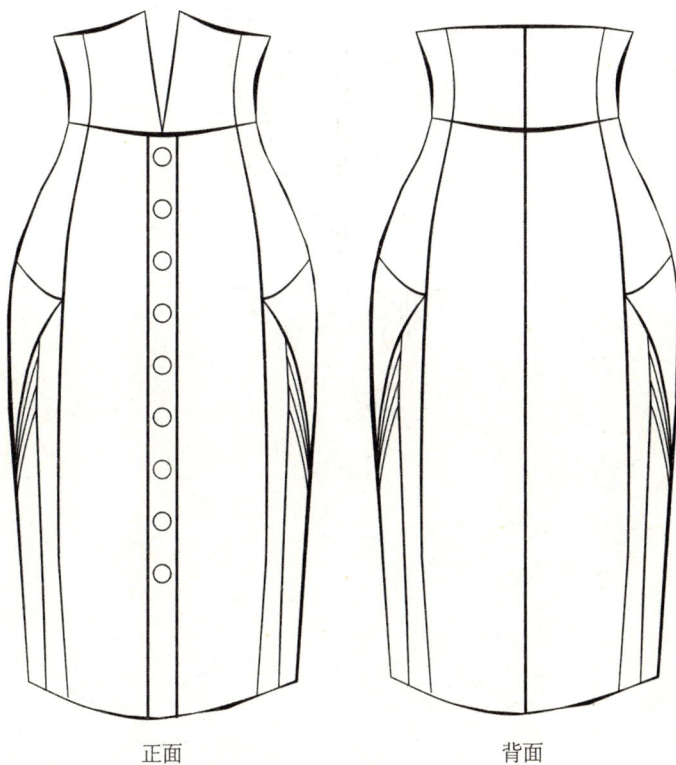

正面

背面

图2-1-14　高腰半身直筒裙

裤装绘制

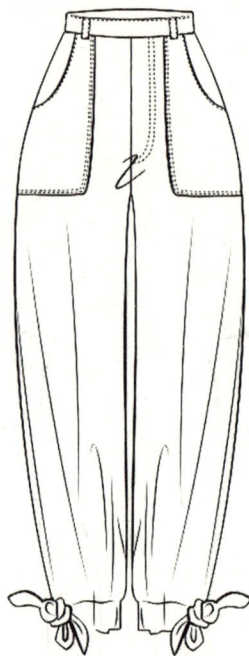

▶ 知识窗

裤子是下身所穿的主要服饰之一。与裤子相关的名称有裤长、上裆长、腰围、臀围、横裆、中裆及裤口等。裤装有多种分类及设计方式，穿着方式也多种多样，一般分为适身型、紧身型、松身型三种。

裤子的造型决定了其外观形象，也是裤子设计的关键，不同造型的裤子有不同的风格。例如，西裤以 H 型为主，又称为直筒裤，具有大方、简洁的效果；萝卜裤，以 O 型为主，上下两端收紧中间膨出，给人飘逸、活泼的感觉；牛仔裤以紧身型为主，包住臀部和腿部，面料略有弹性，使双腿显得修长，有一种洒脱、自然的效果。

▶ 任务目标

1. 掌握裤装的款式特点及分类。
2. 掌握裤装款式图的细节处理。
3. 能表现门襟、裤耳、拉链、明线、口袋等不同裤装细节。
4. 能根据绘制内容对款式图进行整体排版设计。

▶ 任务描述

以女式修身长裤为例，通过学习使学生了解裤装款式图的表现，能对几种裤装基本廓型进行设计。培养学生具备裤装款式的资料收集和分析等能力，并能进行裤装款式图的绘制。

▶ 任务实施

一、款式分析

图 2-2-1 所示是一款时尚女式修身长裤，其中腰部的设计时尚率性，具有独特的立体效果。裤子的两侧装有月亮袋，美观实用。腰部的门襟处采用金属扣设计，精巧别致。

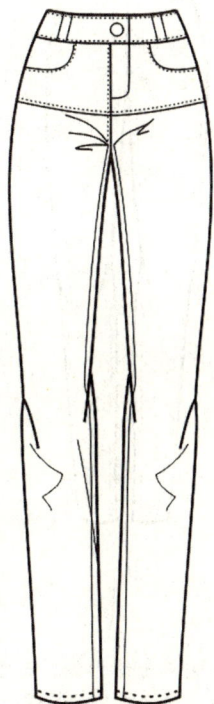

图 2-2-1　女式修身长裤款式图

二、绘制步骤

首先要了解女性下半身的
结构和比例，其次按比例分段
绘制出辅助线，如图 2-2-2 所
示，一步一步绘制直至完成。

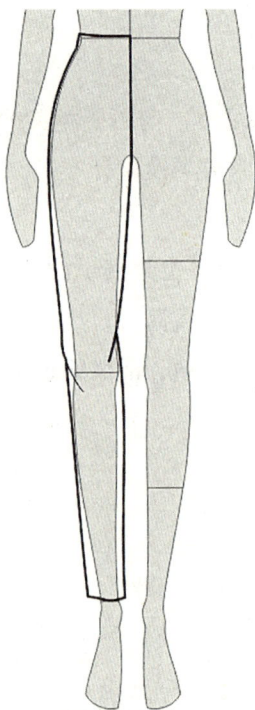

①绘制出裤子款式外轮廓

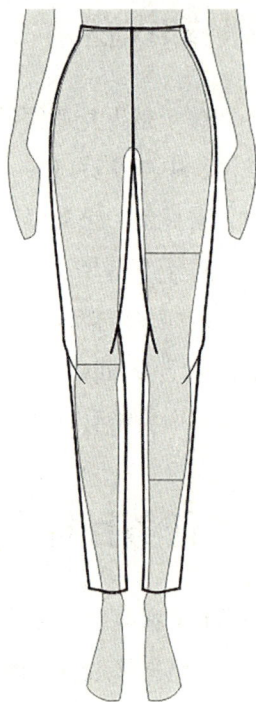

②左右对称绘制裤型

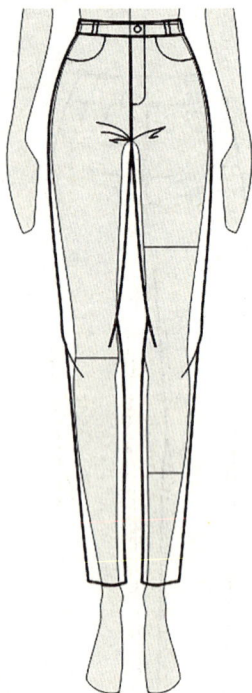

③绘制裤子结构线、造型
线、缝纫线及着装褶纹

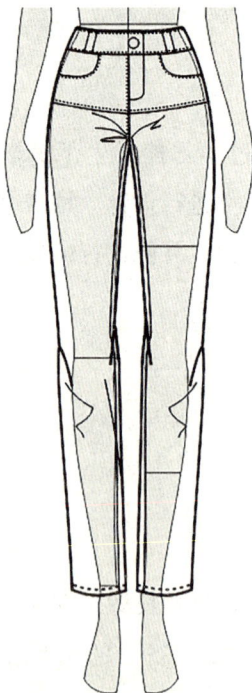

④绘制裤子分割线及着装
褶纹

⑤裤子绘制完成

图2-2-2　女式修身长裤绘制步骤图

任务二

三、技能实训

临摹图 2-2-3 所示裤装款式图
正、背面及图 2-2-4～图 2-2-11 所示
的一些常见裤子款式图。

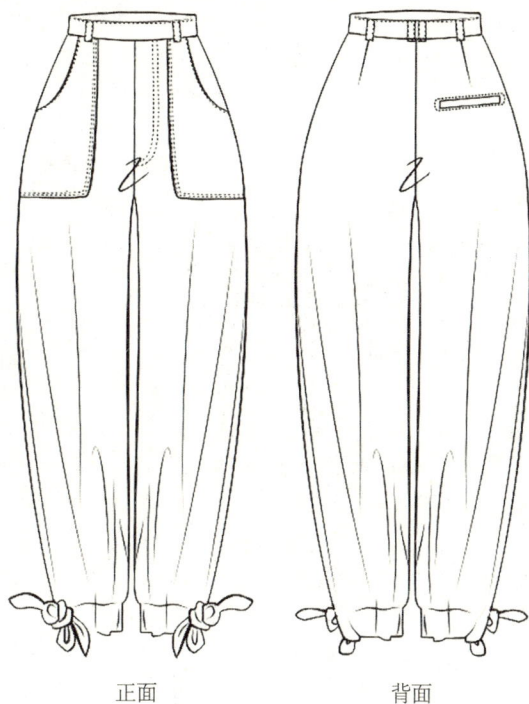

正面　　　　　背面

图 2-2-3　裤装款式图

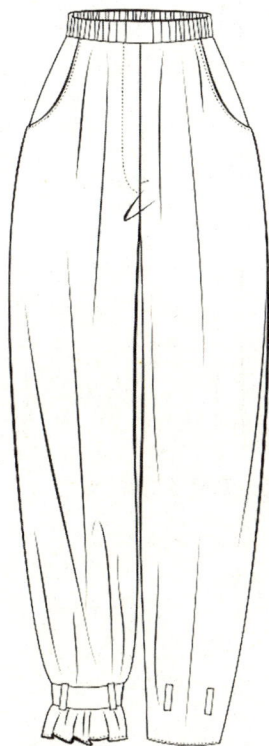

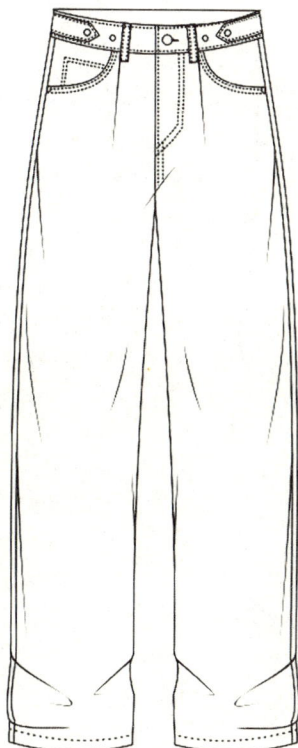

图 2-2-4　休闲长裤　　　　图 2-2-5　工装裤　　　　图 2-2-6　休闲牛仔裤

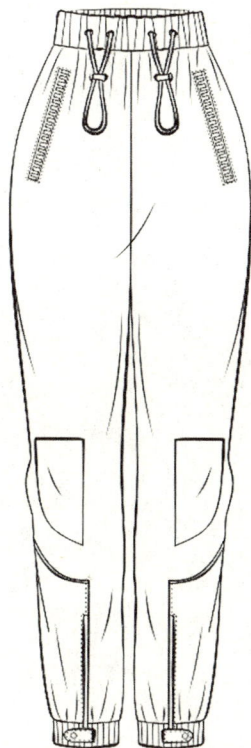

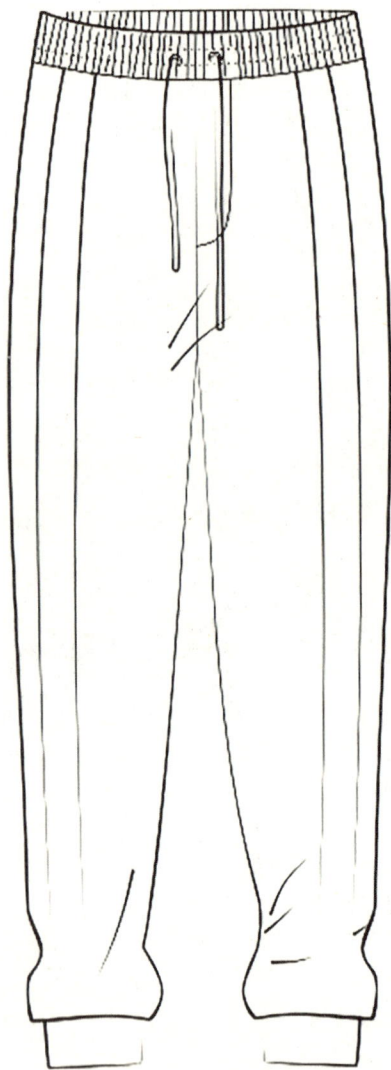

图2-2-7 运动裤

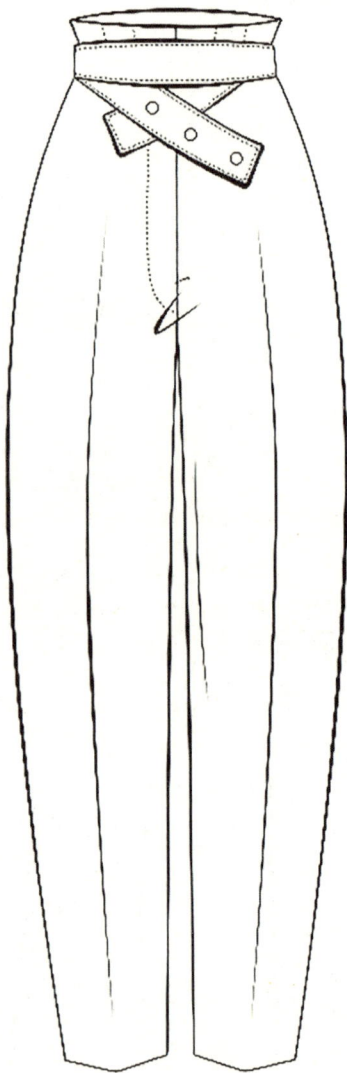

图2-2-8 高腰萝卜裤

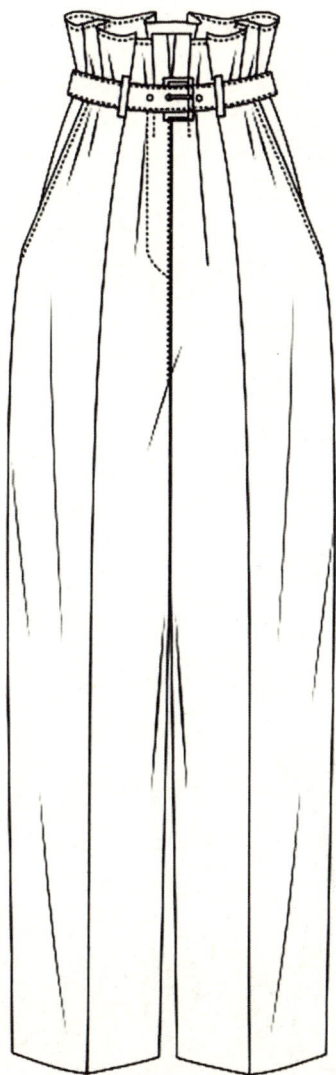

图2-2-9　高腰直筒裤

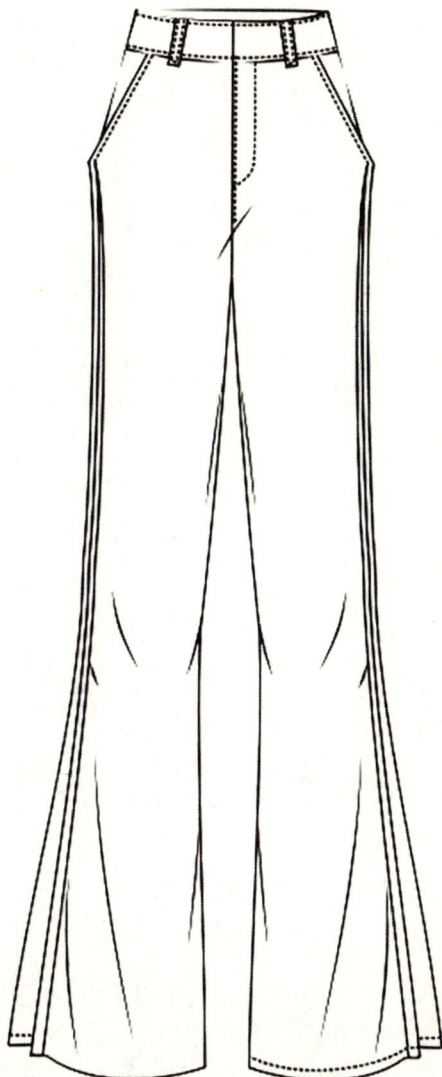

图2-2-10　中腰喇叭裤

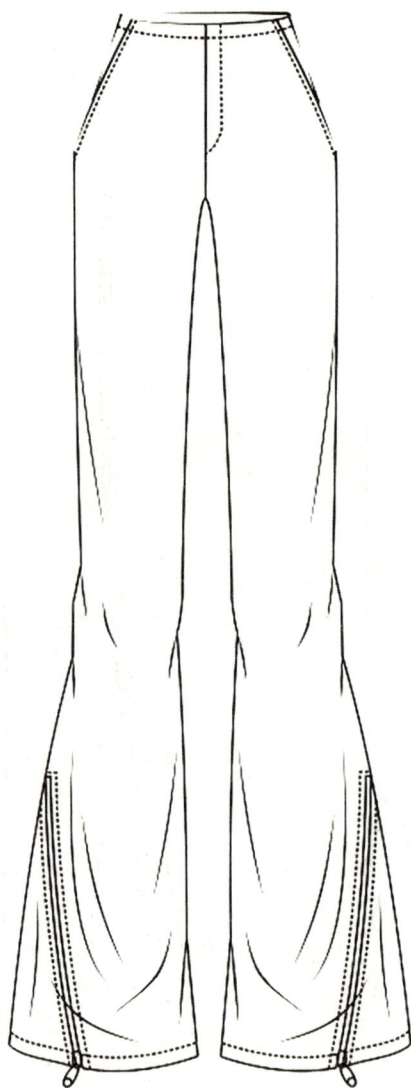

图 2-2-11 低腰喇叭裤

上装款式图绘制

衬衣绘制

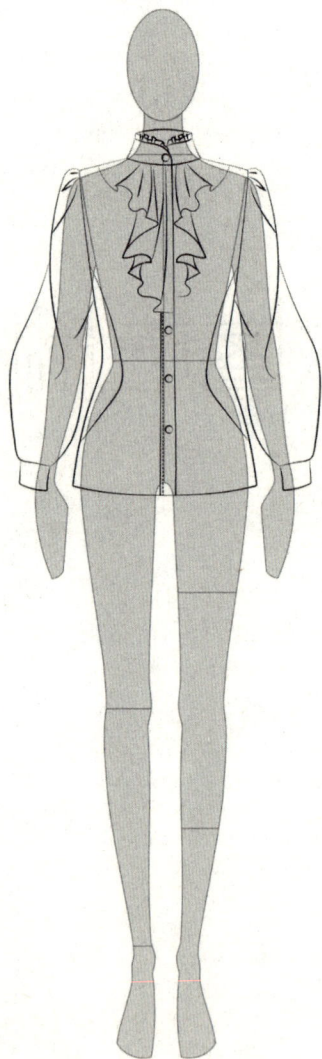

📖 知识窗

　　衬衣是穿在上身的服装之一，既可做内衣也可做外衣。衬衣是白领人士工作服装的首选。衬衣本身介于正装和休闲装之间，既可以作为正装的一部分，出席重要场合时穿着，也可以居家穿着，满足了大部分人的生活和工作需求。衬衣是女士必备的服饰，是女装的主要流行元素，搭配简单，是传统与时尚的经典组合，是重要的服饰点缀，给人清爽的印象。它既可以单穿又能与外套搭配，既能在办公室穿，也可以参加派对时穿，只要选对款式，在整个春装搭配中都可发挥巨大作用；衬衣也十分百搭，可以随意搭配不同的衣服，营造出自由随性的感觉。

　　随着韩版柔性服饰的流行，衬衣的款式除了自身的版型外，重要的区分就在于领子、袖子和门襟，有钮扣变化、领型微调、袖长变化等。衬衣根据季节可以分为春秋款、夏款；根据长度可分为长款、中长款、常规款、短款；根据图案可分为纯色款、条纹款、格子款、印花款（图3-1-1）。

纯色衬衣

条纹衬衣

图3-1-1

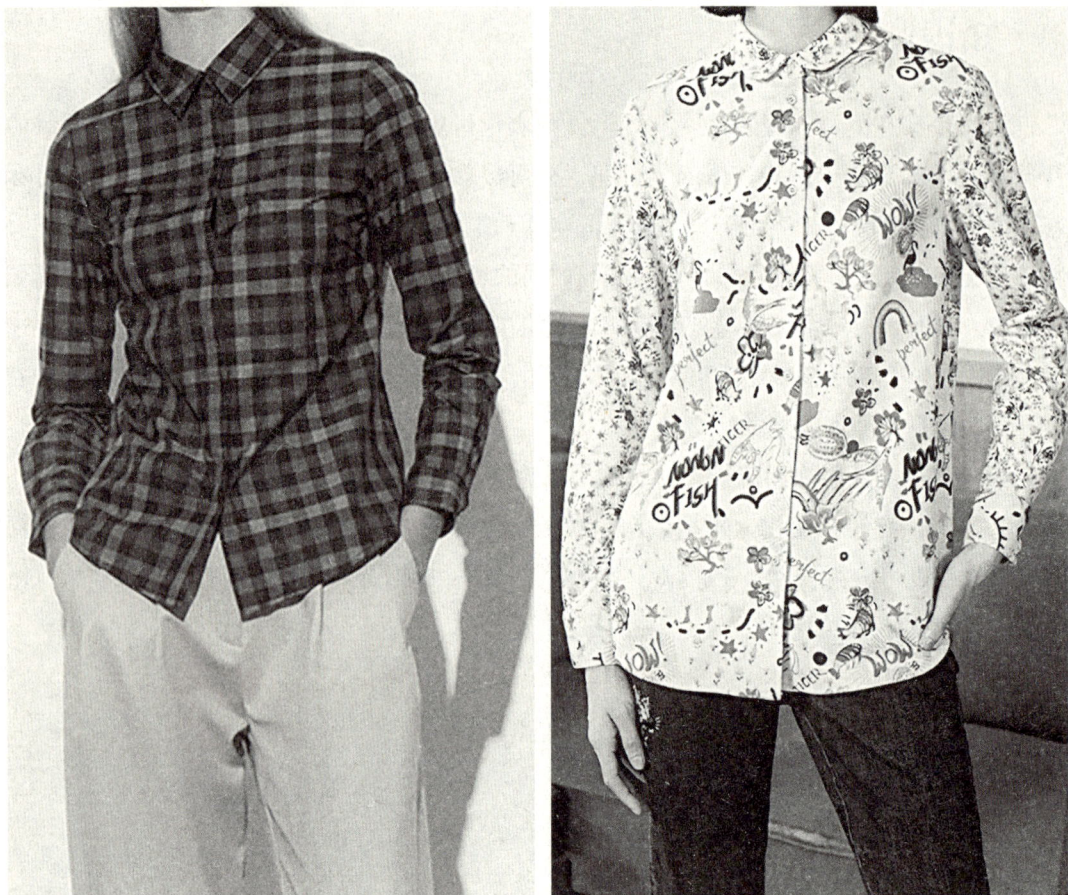

格子衬衣   印花衬衣

图3-1-1　各种图案的衬衣

▶ 任务目标

1.掌握衬衣分类并能描述衬衣款式特点。

2.能绘制明门襟、暗门襟、分割线、流苏、荷叶边、褶、口袋、细带等衬衣的不同细节款式图。

▶ 任务描述

以女衬衣为例，对衬衣的风格、款式特点、绘制方法等进行分析。通过学习使学生了解女衬衣款式的设计图表现，并能完成几种基本款式衬衣的设计。使学生具备女衬衣款式的资料收集、分析等能力，并能进行女衬衣款式的绘制等。

任务实施

一、款式分析

图3-1-2所示的女衬衣采用弧形刀背分割线，线条以曲线造型为主，符合女性体型特征。此款女衬衣为常规款，采用小方领、圆装袖，常用于女性职业装，能够体现女性的干练知性。

二、绘制步骤

首先按照比例画出重要的辅助线，其次绘制出4个头长的辅助线作为画衬衣衣长的依据，肩宽为1.2个头长，腰围宽为0.8个头长。如图3-1-3所示，一步一步绘制直至完成。

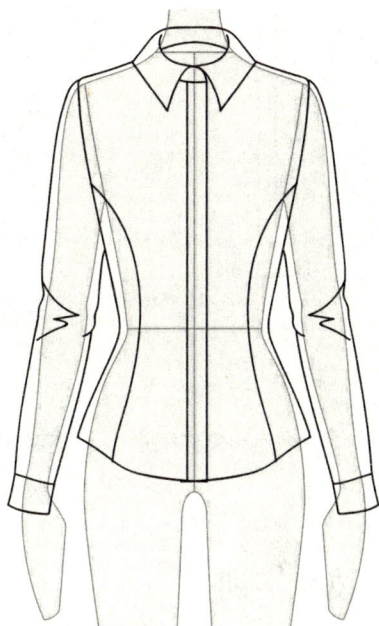

图3-1-2　女衬衣款式图

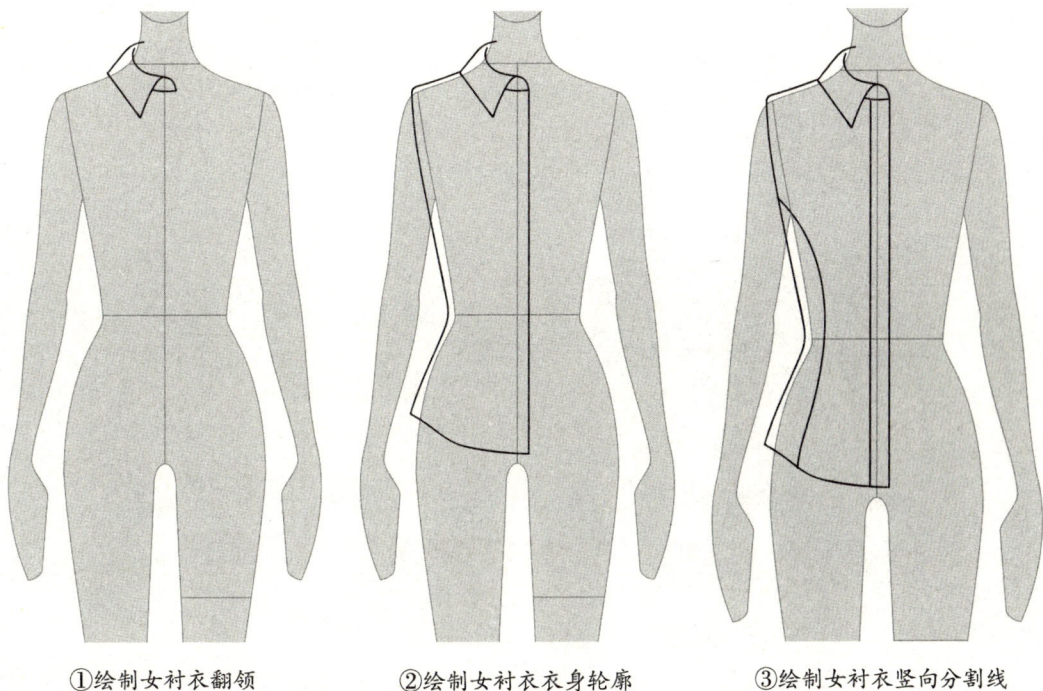

①绘制女衬衣翻领　　②绘制女衬衣衣身轮廓　　③绘制女衬衣竖向分割线

图3-1-3

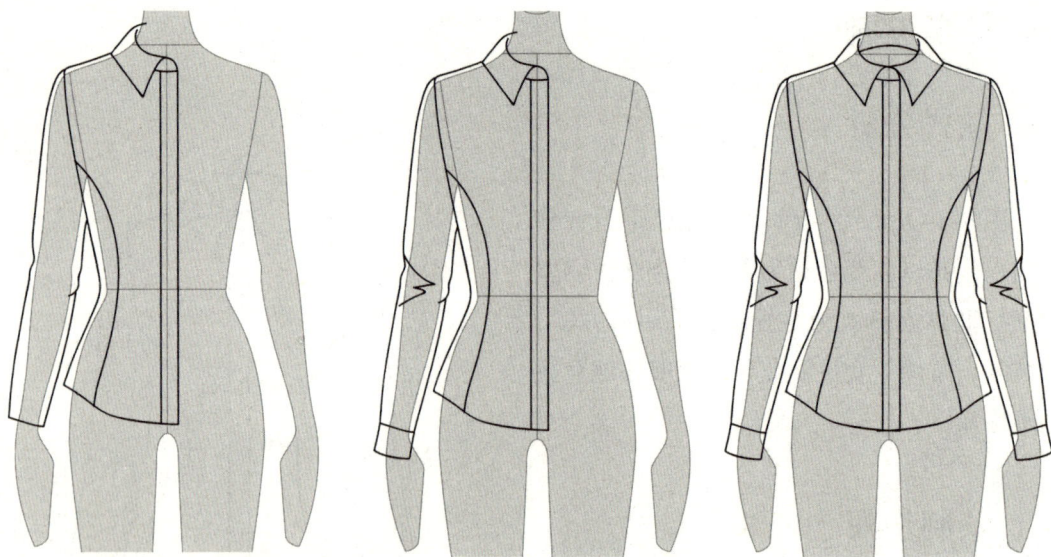

④绘制女衬衣袖轮廓外形　　⑤绘制女衬衣袖子内部折痕线　　⑥完成整件女衬衣绘制

图3-1-3　女衬衣绘制步骤

三、技能实训

临摹图3-1-4～图3-1-11所示衬衣款式图正、背面。

正面　　　　　　　　　　　　　　背面

图3-1-4　名暗门襟变化款女衬衣

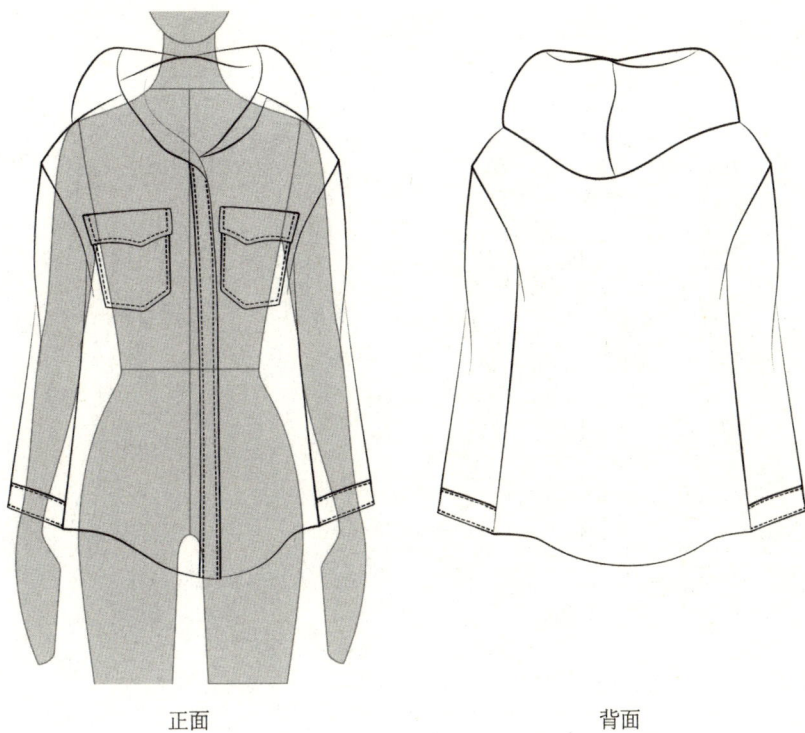

正面　　　　　　　　　　　　　背面

图3-1-5　贴袋连帽休闲女衬衣

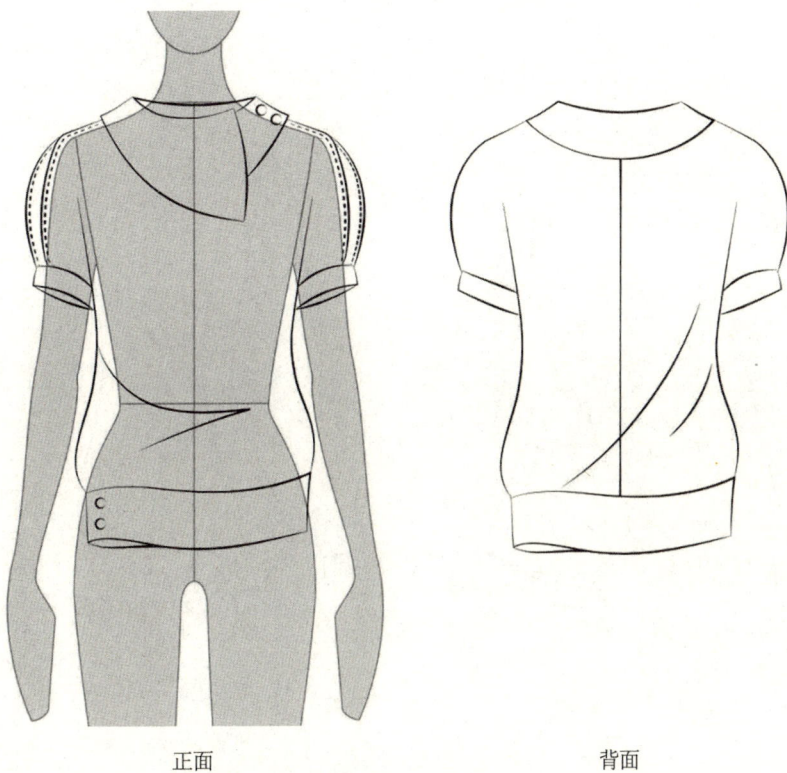

正面　　　　　　　　　　　　　背面

图3-1-6　不对称领女衬衣

正面   背面

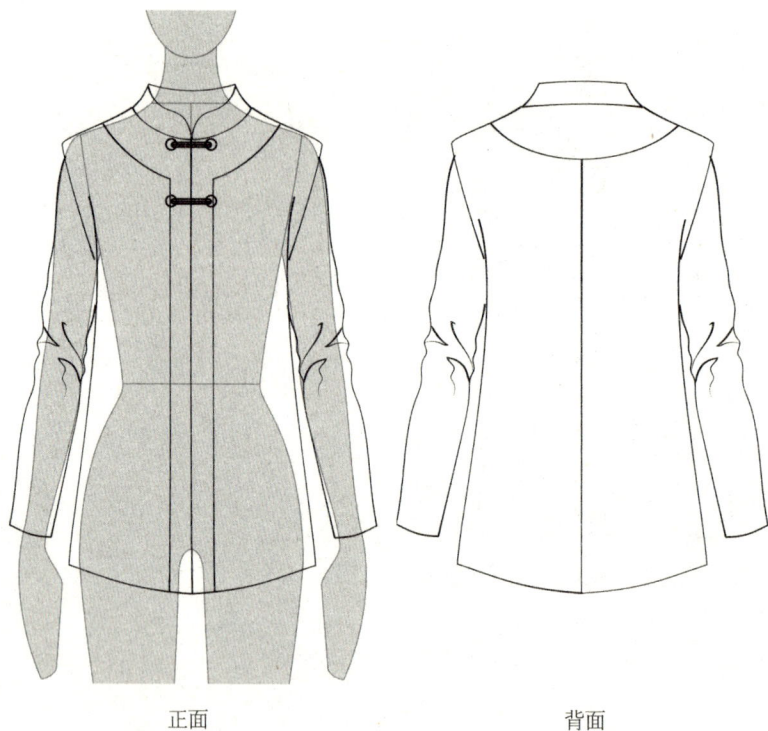

图3-1-7　明门襟中式盘扣女衬衣

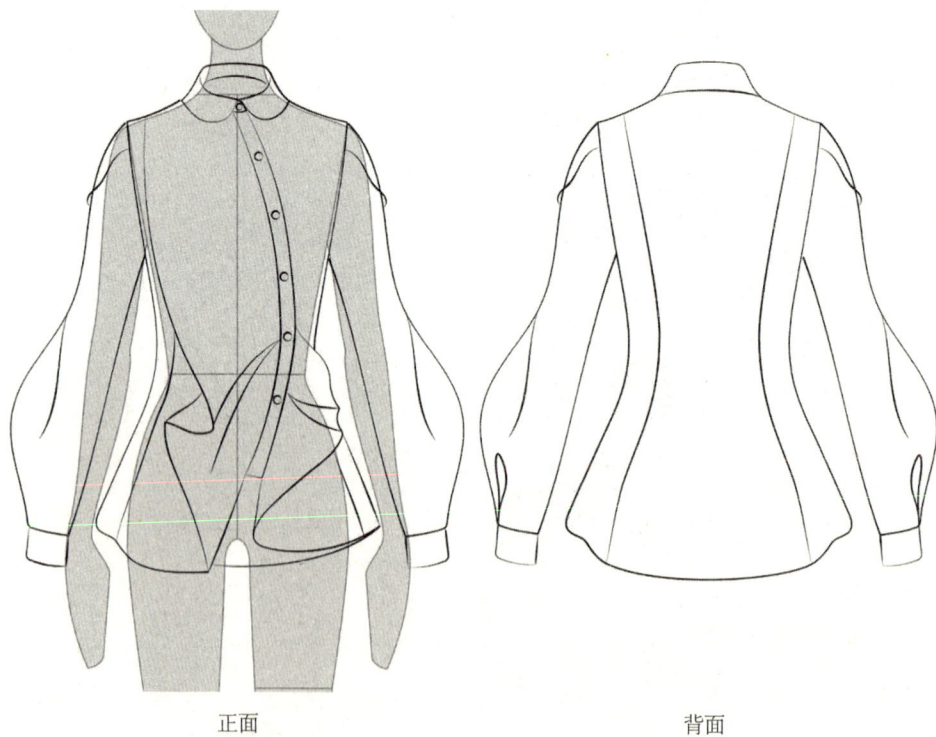

正面   背面

图3-1-8　褶袖、公主线分割女衬衣

正面　　　　　　　　　　　　　　　　　背面

图3-1-9　波浪领女衬衣

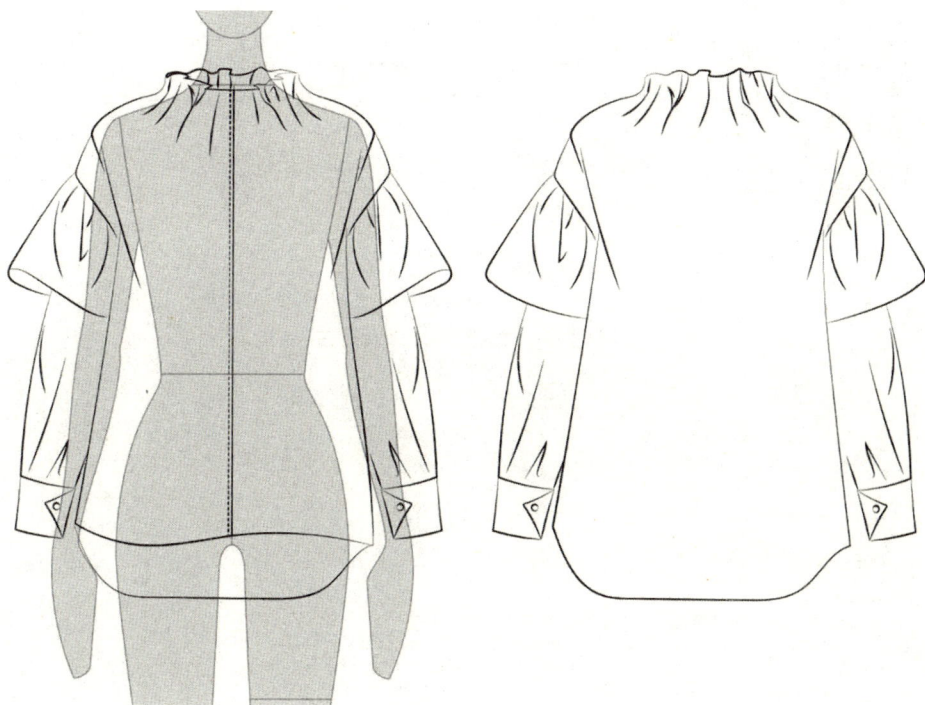

正面　　　　　　　　　　　　　　　　　背面

图3-1-10　立领变化款女衬衣

正面   背面

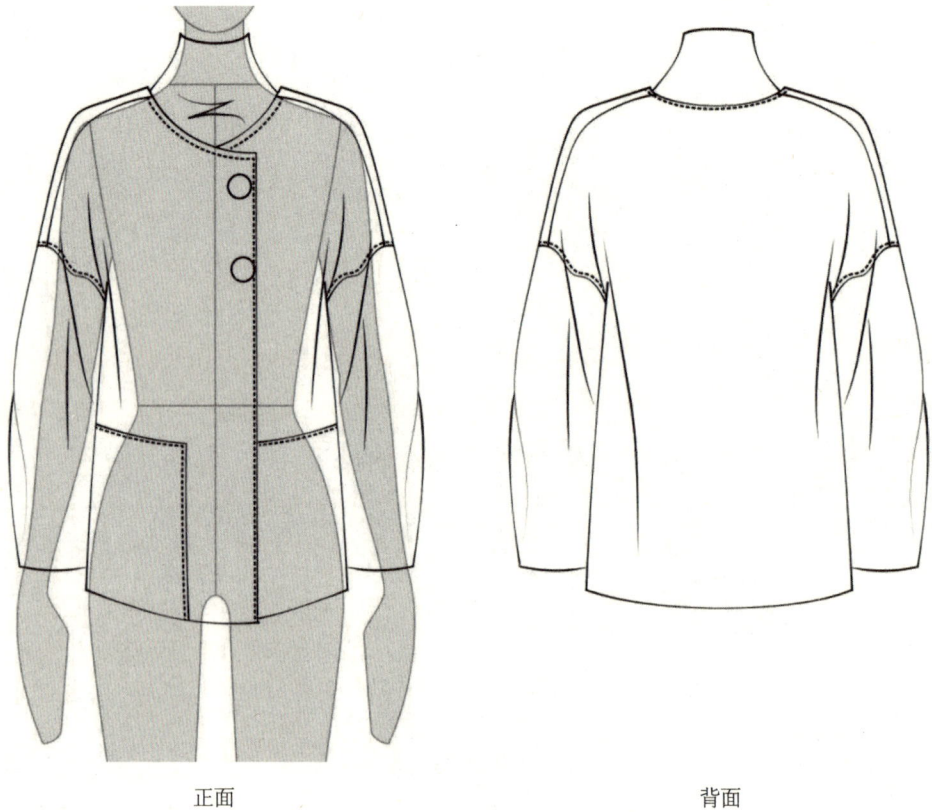

图3-1-11　无领休闲女衬衣

女外套绘制

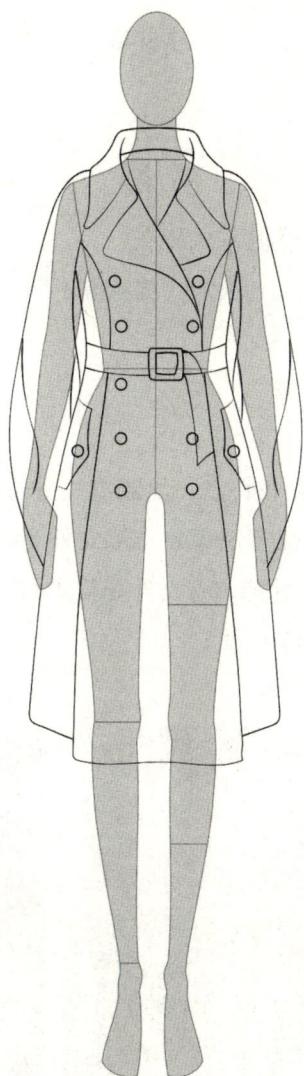

▶ 知识窗

　　外套是穿在上身最外面的服装。外套前端通常有纽扣或拉链以便穿着，一般用来保暖或遮挡风雨。其长短与款式变化丰富，种类繁多。外套的体积一般较大，多为长袖，在穿着时可覆盖在其他衣服外面，如大衣、西装、棉袄、风衣等。

　　外套根据季节可分为春秋款、夏款、冬款；根据长度可分为长款、中长款、常规款、短款；根据风格可分为韩式、欧美、日式、中式等。

▶ 任务目标

　　1.掌握女外套的分类，并能描述其款式特点。

　　2.能绘制时尚外套、夹克、毛衣、大衣、棉袄等不同女外套款式。

▶ 任务描述

　　以女外套为例，对其风格、款式特点、绘制方法等进行分析。通过学习使学生了解女外套款式的设计图表现，并能完成几种基本廓型女外套的款式设计。培养学生具备女外套款式的资料收集、分析等能力，并能进行女外套款式的绘制等。

　　1.款式按季节及长度分类（图3-2-1）

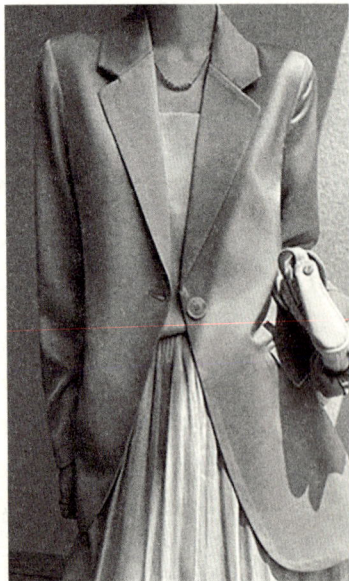

春秋款真丝西装　　　　　　　夏款中长款西装　　　　　　　冬款短款棉衣

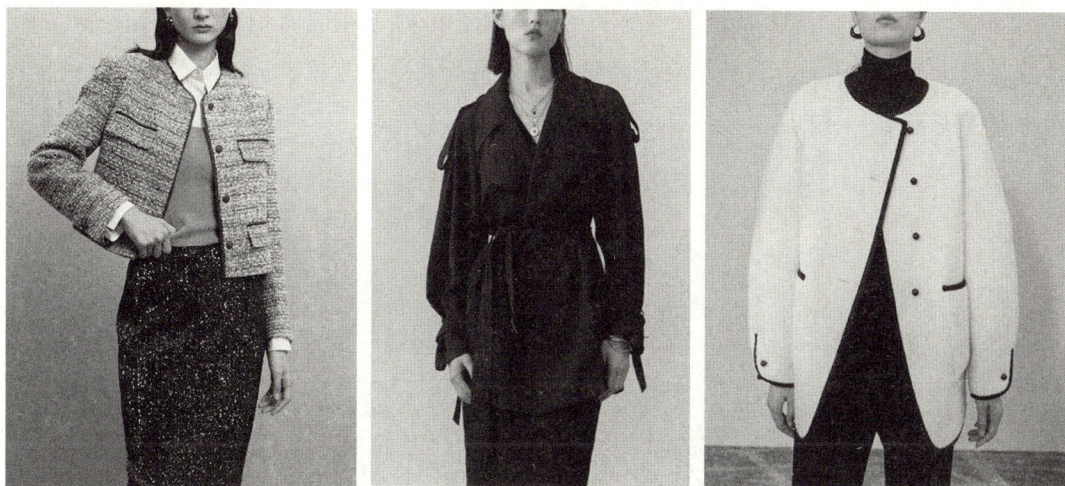

春秋款短款毛呢外套　　　　夏款中长款风衣　　　　冬款中长款大衣

图3-2-1　款式按季节及长度分类

2.款式按风格分类

（1）韩式风格。服装的特点是剪裁利落，廓型比较挺，款式讲究简洁，符合亚洲年轻人的身材特点（图3-2-2）。

（2）欧美风格。特点是大气、随性、简单、熟练。通过裁剪呈现大方自信的服饰风格，讲究色彩搭配，比日韩风格更开放、性感和街头化，也很国际化（图3-2-3）。

图3-2-2　韩式短款风衣　　　　　　图3-2-3　欧美西装

（3）日式风格。日式服饰的特点是甜美。日式的穿衣搭配注重运用基本款、强调层次感，追求柔和、协调、舒适和女性气息（图3-2-4）。

（4）中式风格。最大特色为"上衣下裳"制，开襟，主要有偏襟和对襟两种形式。中式服饰以汉服为代表，承载了汉族的染、织、绣等杰出工艺和美学特征。现代中式服装也称新中式服装（图3-2-5）。

图3-2-4　日式短款开衫

图3-2-5　中式对襟款开衫

任务实施

一、款式分析

图3-2-6所示的女式西装给人典雅、端庄、精致的感觉，特别适合高挑、干练的职场女性穿着。简约的外轮廓中隐藏着精致设计细节，省道处挖两个斜插袋，风格独特、工艺精细；前中由一粒纽扣扣合，简单、实用、美观大方。

二、绘制步骤

服装穿着的依据是人体，而女上装的绘制与人体上半身的结构和比例是分不开的，按照比例画出重要的辅助线。绘制出4个头长的辅助线作为画女西装衣长的依据，肩宽为1.2个头长，腰围宽为0.8个头长。如图3-2-7所示，一步一步绘制直至完成。

图3-2-6　女式西装款式图

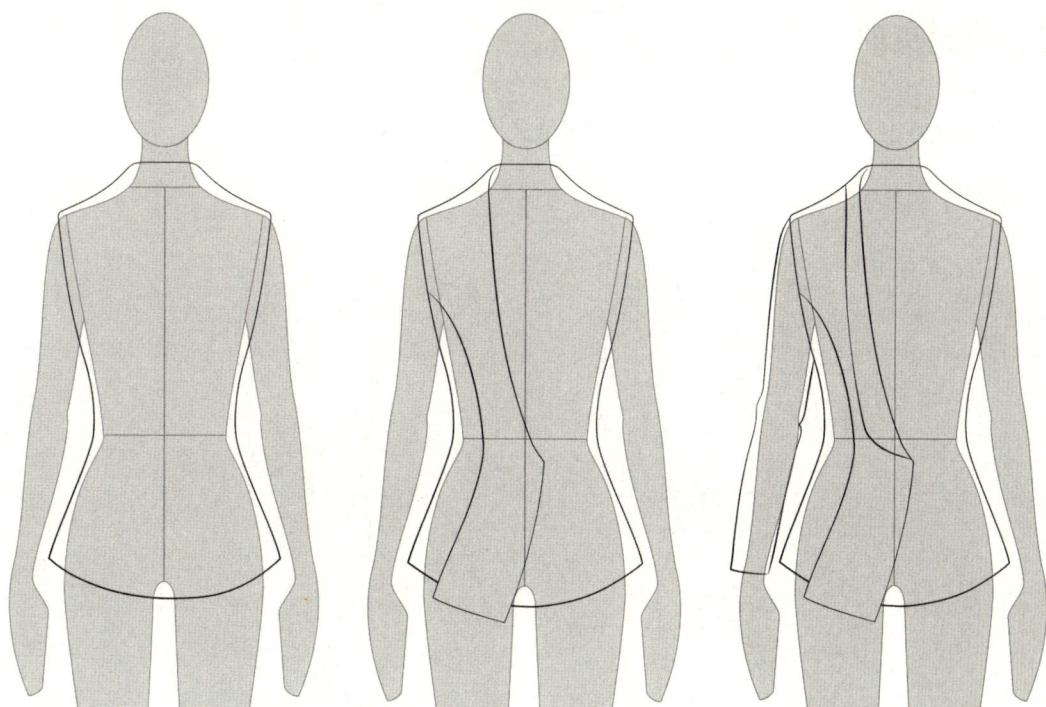

①绘制女西装外形轮廓

②绘制女西装左前片外形轮廓
和竖向分割线

③绘制女西装翻驳领和袖片

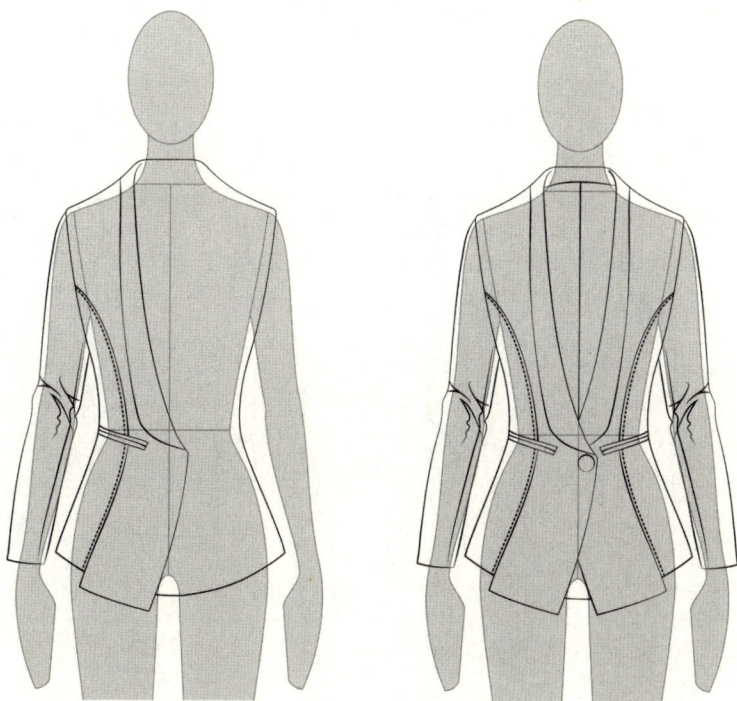

④绘制女西装双嵌线袋、明线
和袖片折痕线

⑤完成整件西装绘制

图3-2-7 女西装绘制步骤

三、技能实训

临摹图 3-2-8~图 3-2-33 所示，女外套款式图正、背面。

正面   背面

图3-2-8　小泡泡袖女西装

正面   背面

图3-2-9　无领短装女夹克

正面　　　　　　　　　　　背面

图3-2-10　立领短装女夹克

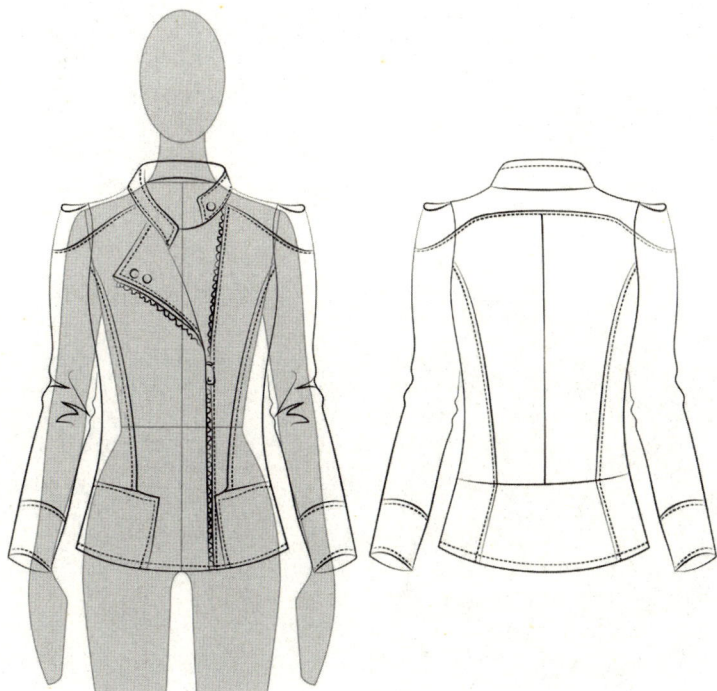

正面　　　　　　　　　　　背面

图3-2-11　立领翘袖拉链皮衣

正面   背面

图3-2-12　驳领女西装

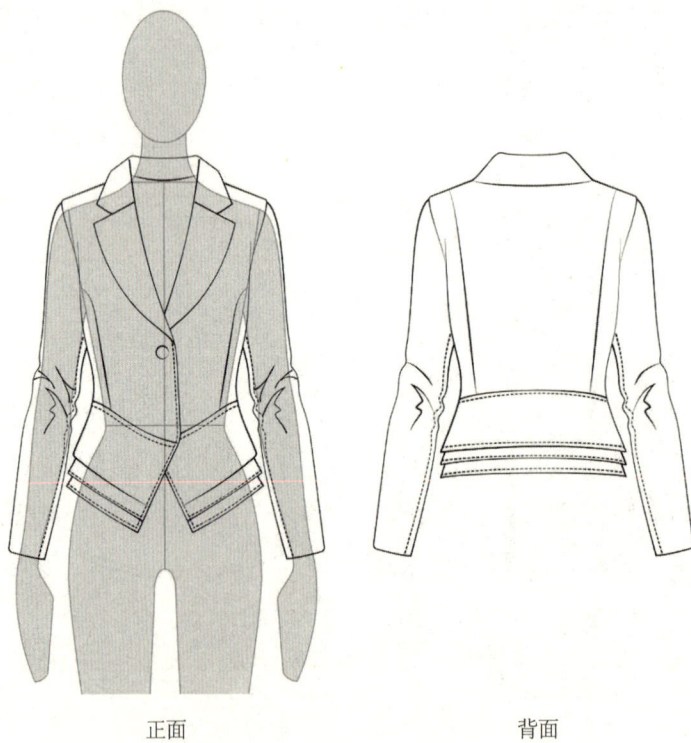

正面   背面

图3-2-13　翻驳领短装女西装

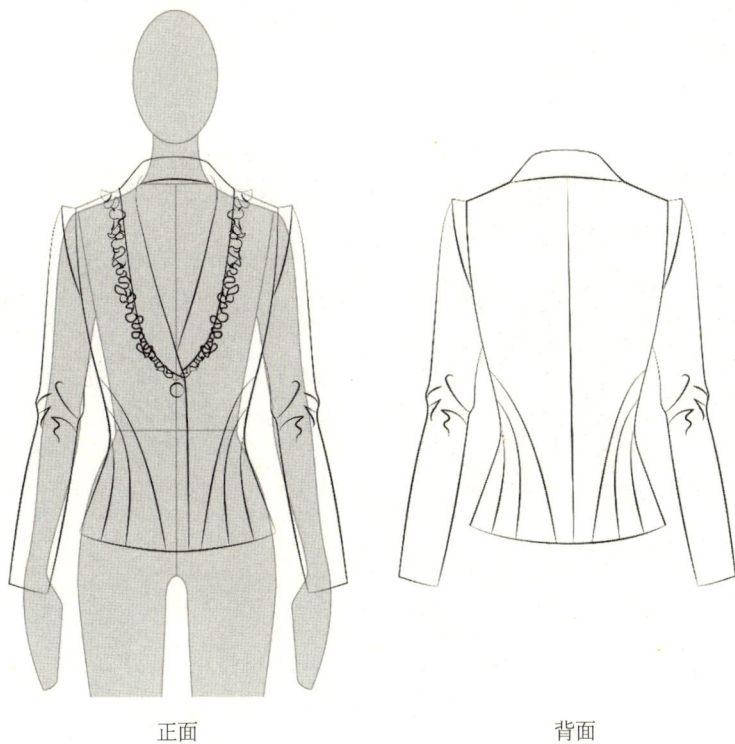

正面 背面

图3-2-14 收腰花边领女西装

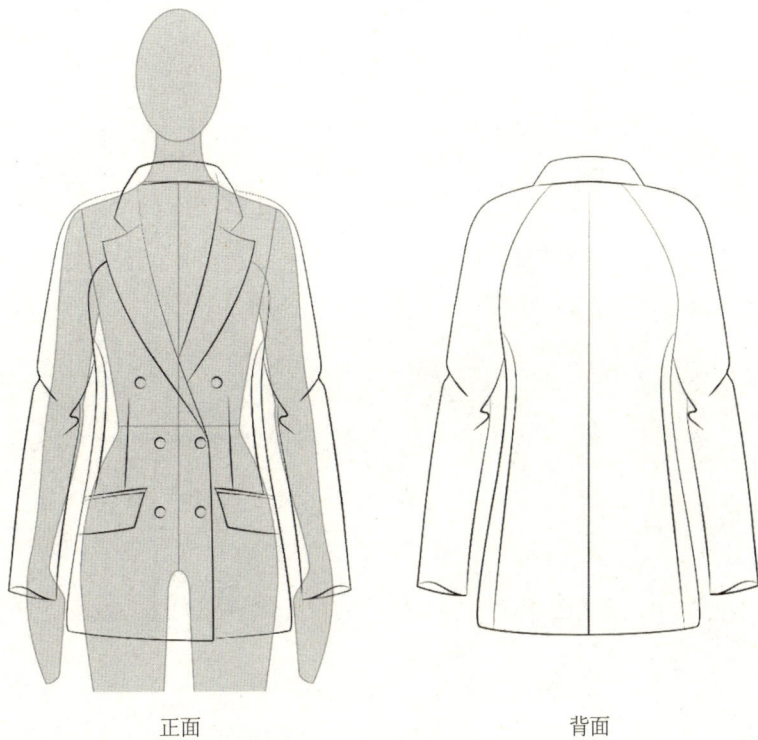

正面 背面

图3-2-15 插件袖双排扣女西装

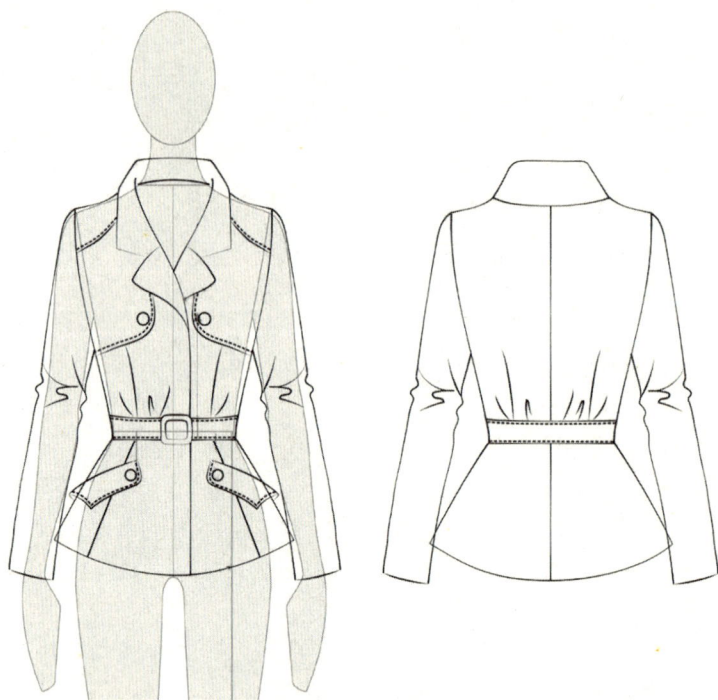

正面

背面

图3-2-16 收腰短款风衣

正面

背面

图3-2-17 插肩休闲风衣

正面　　　　　　　　　　　　　　　　　　　　　背面

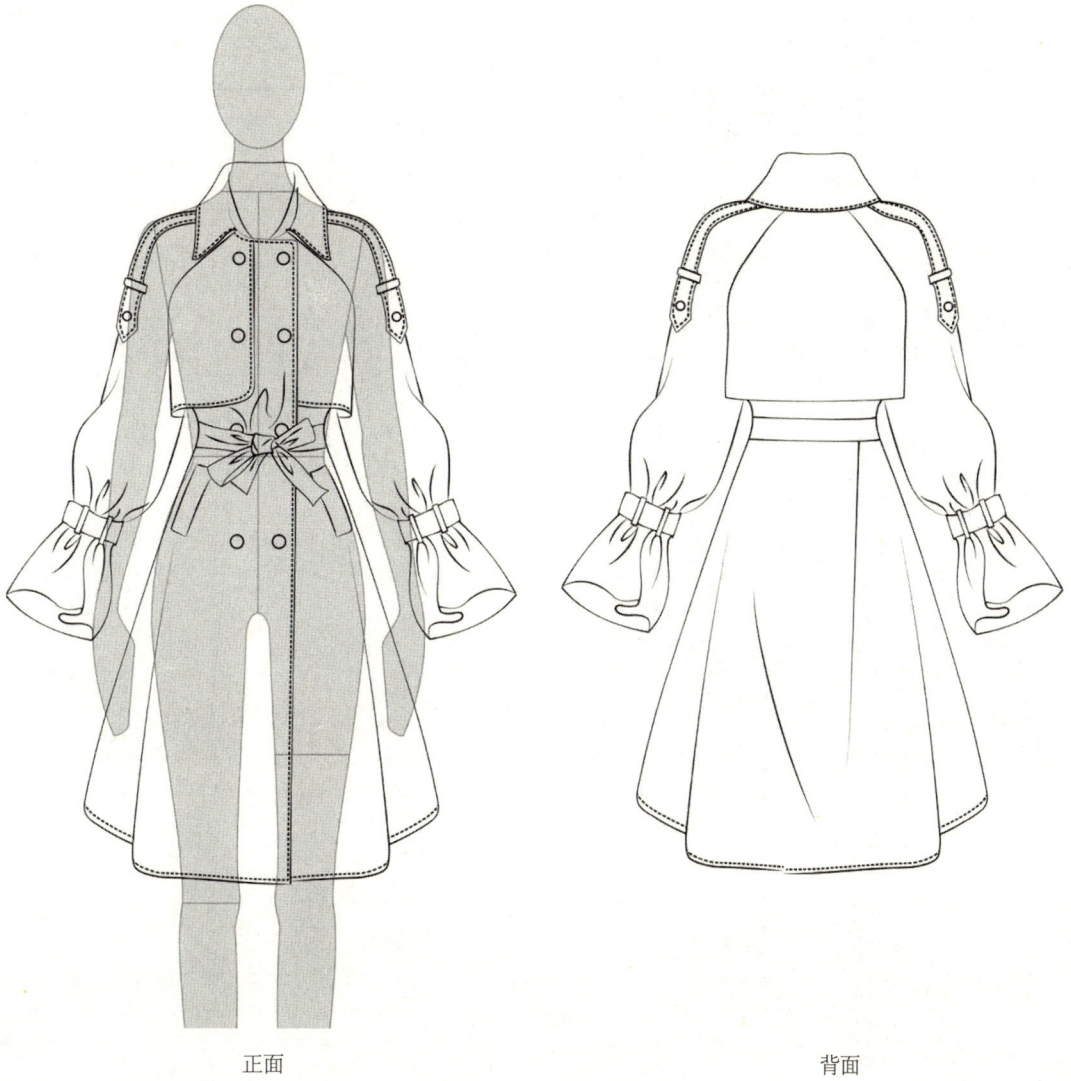

图3-2-18　肩祥式风衣

正面　　　　　　　　　　　　背面

图3-2-19　双排披肩式大衣

正面　　　　　　　　　　　　　　　背面

图3-2-20　立领风衣

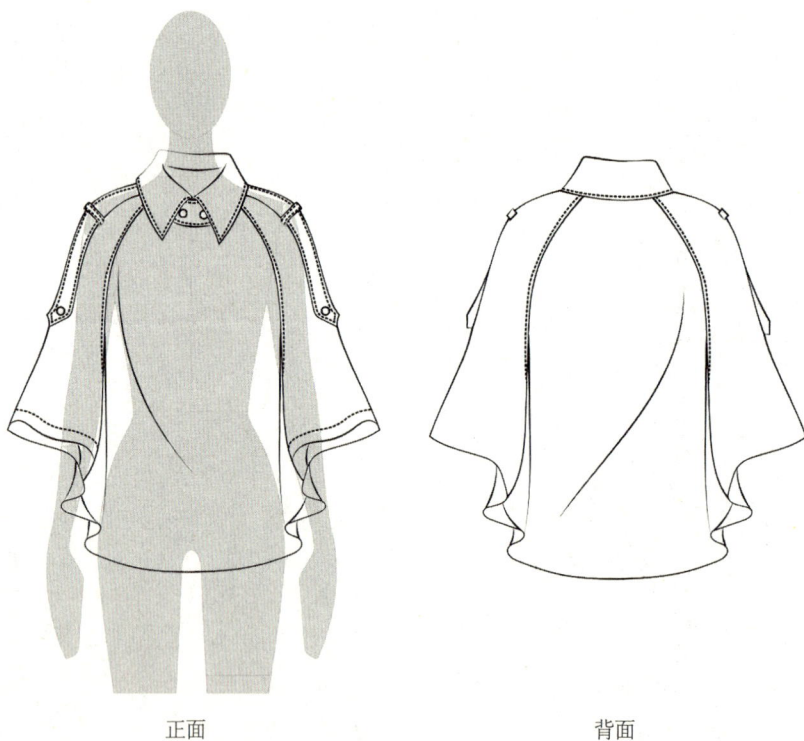

正面　　　　　　　　　　背面

图3-2-21　立翻领斗篷式短大衣

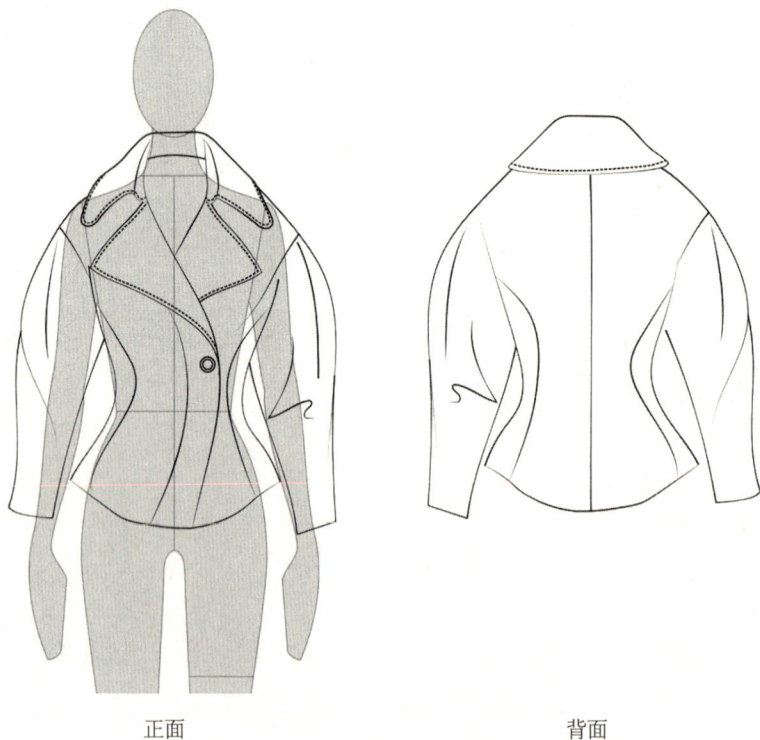

正面　　　　　　　　　　背面

图3-2-22　宽翻驳领短大衣

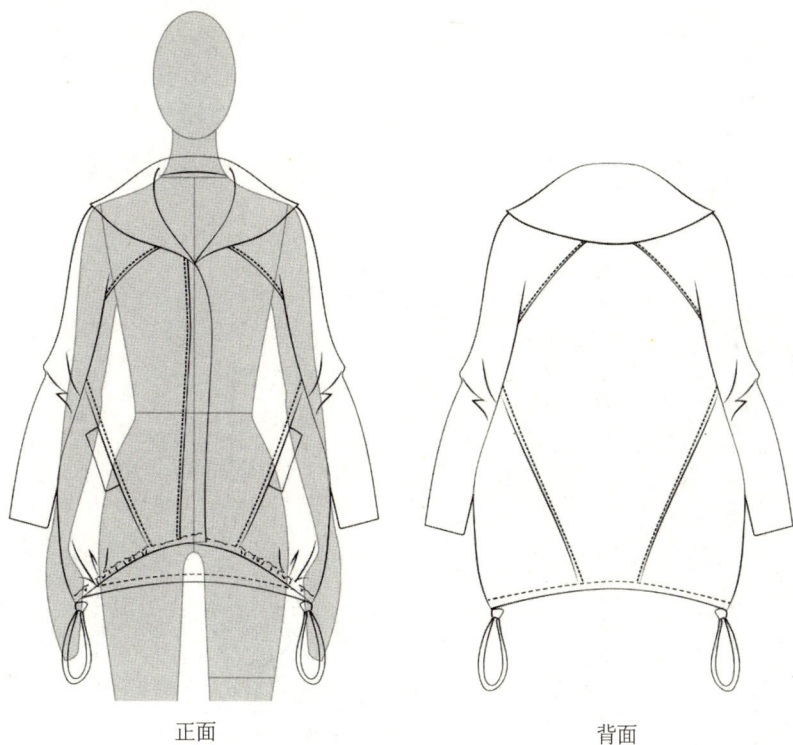

正面　　　　　　　　　　　背面

图3-2-23　翻领抽绳休闲大衣

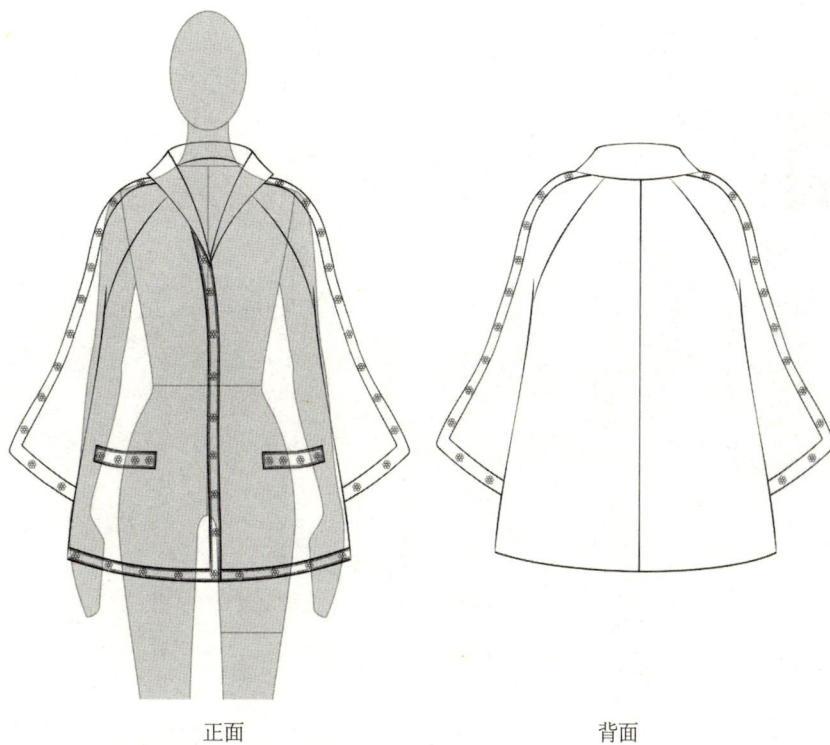

正面　　　　　　　　　　　背面

图3-2-24　宽袖短大衣

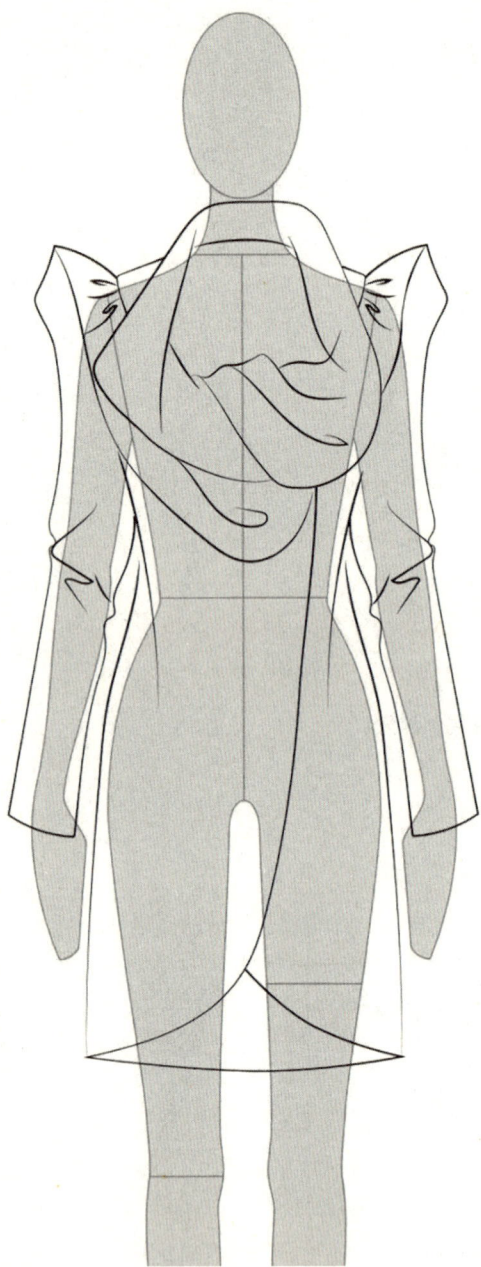

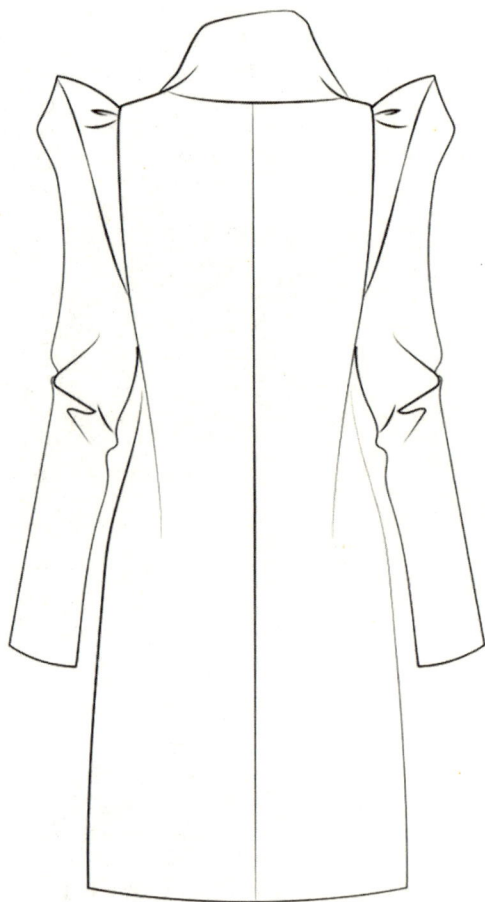

正面   背面

图3-2-25 花苞领长款大衣

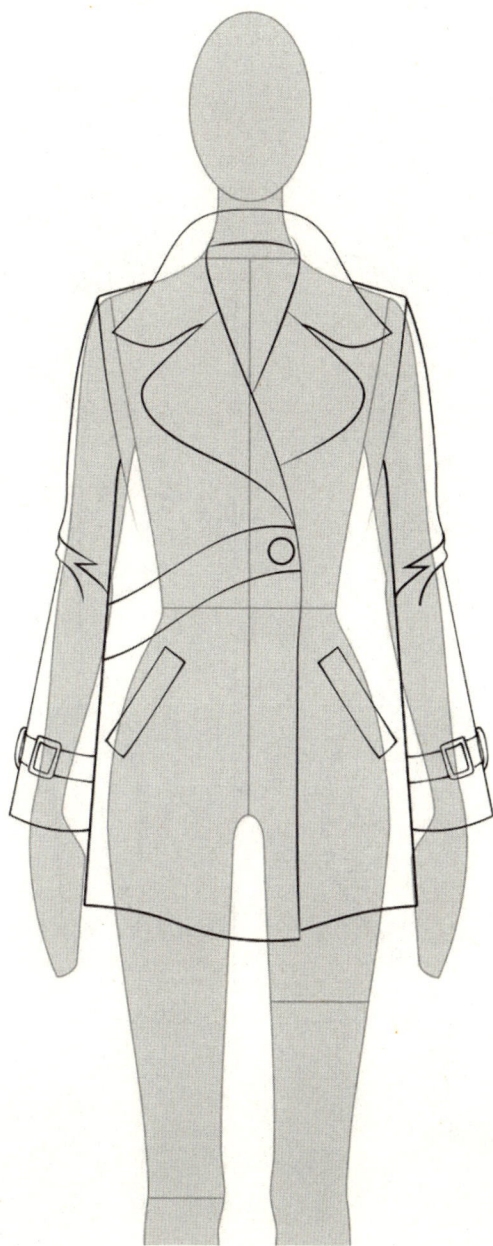
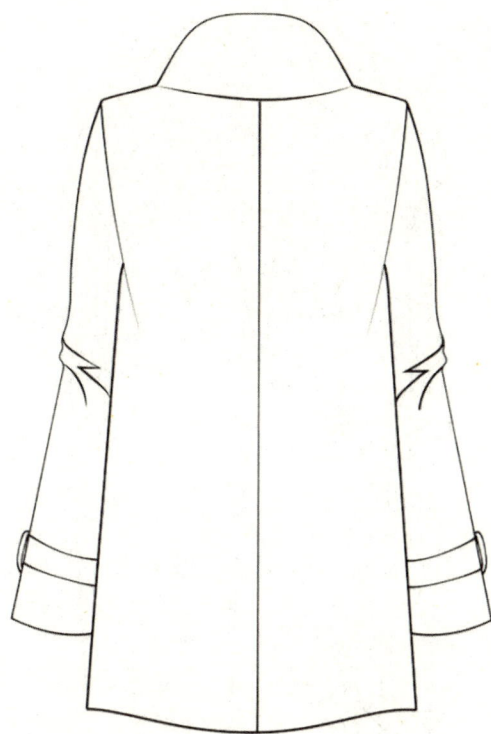

正面　　　　　　　　　　　　　　　背面

图3-2-26　圆驳头大衣

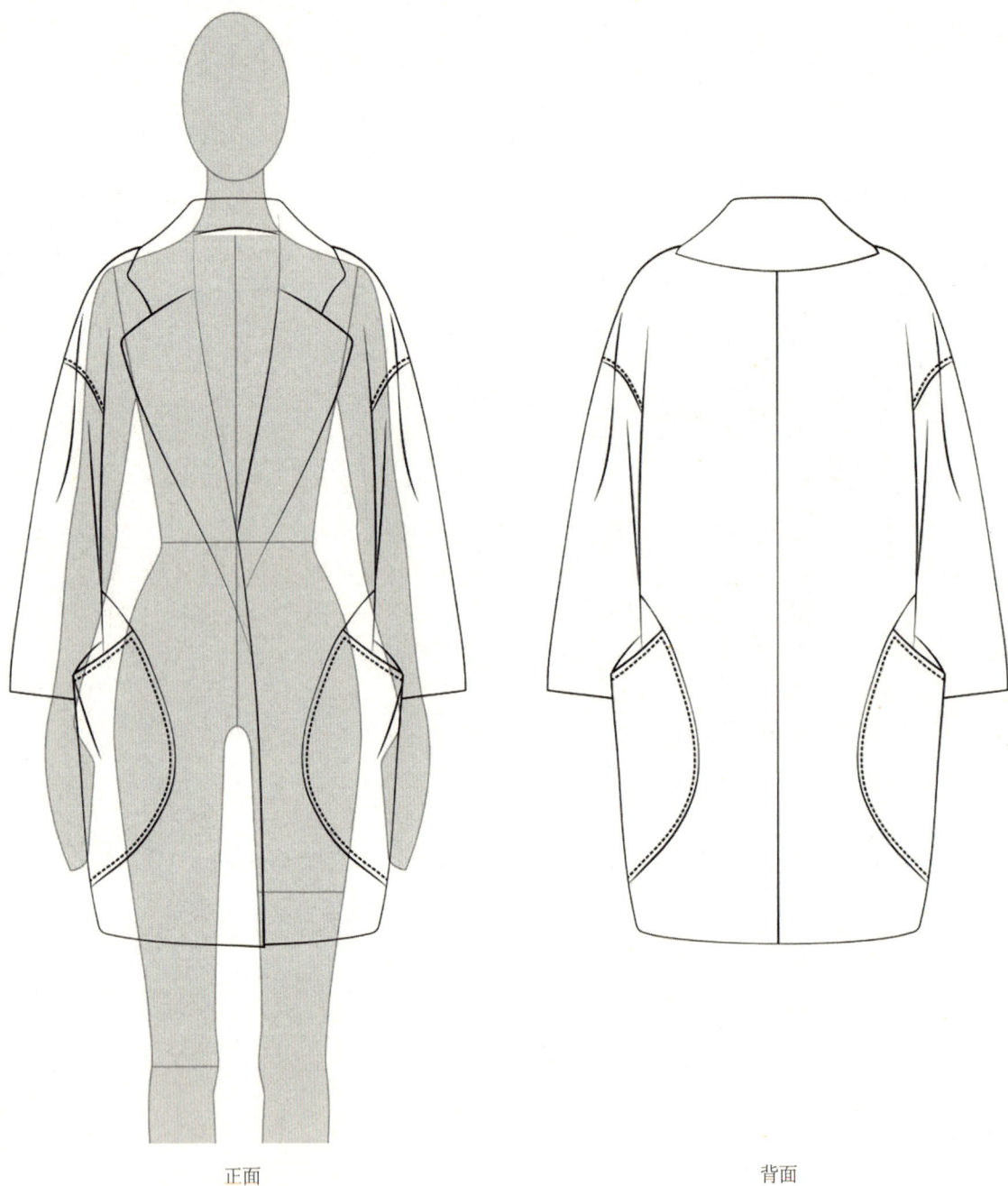

正面   背面

图3-2-27　茧型贴袋大衣

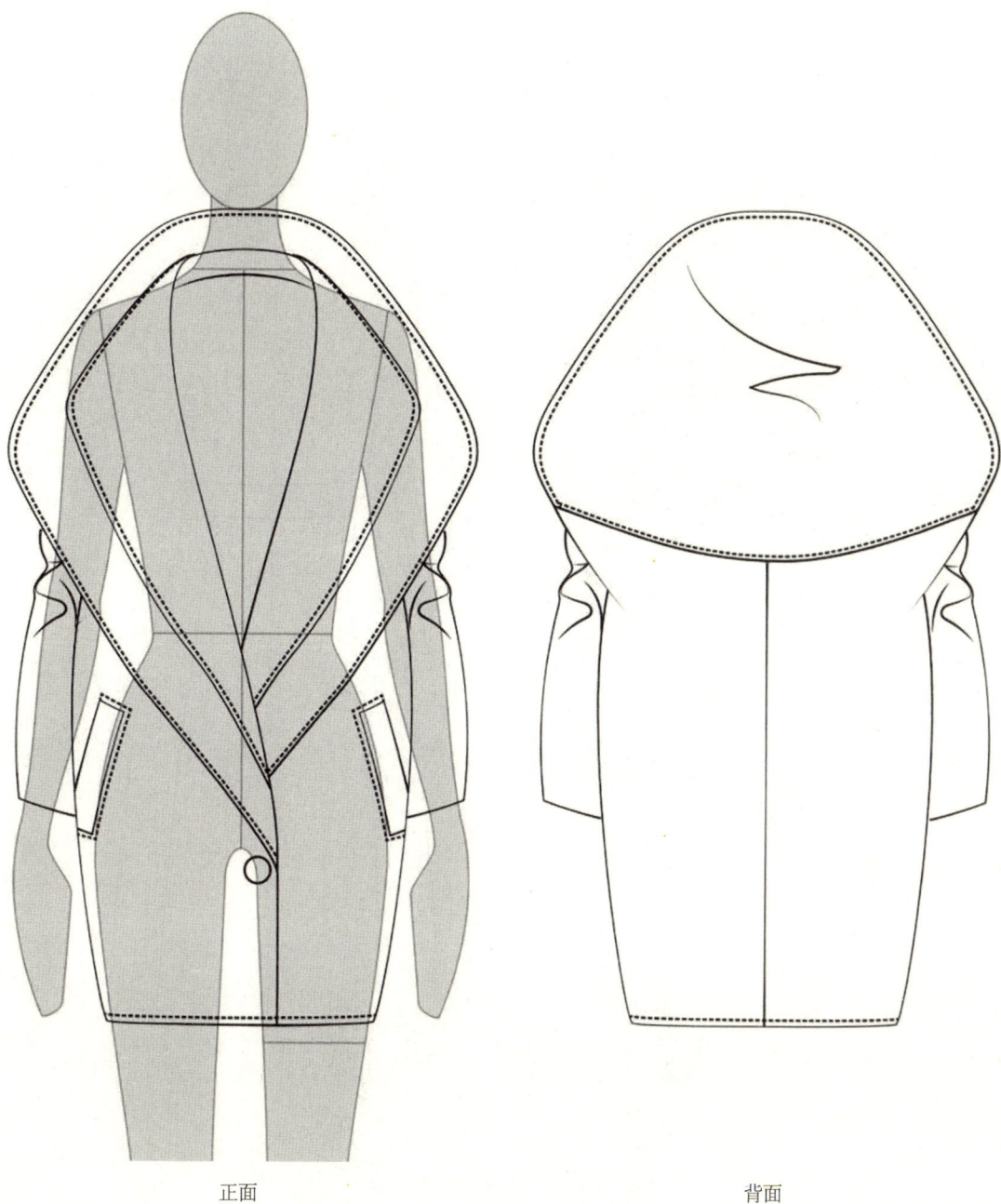

正面　　　　　　　　　　　　　　　　背面

图3-2-28　大翻驳领茧型大衣

正面

背面

图3-2-29　披肩式长款大衣

正面　　　　　　　　　　　　　　　　背面

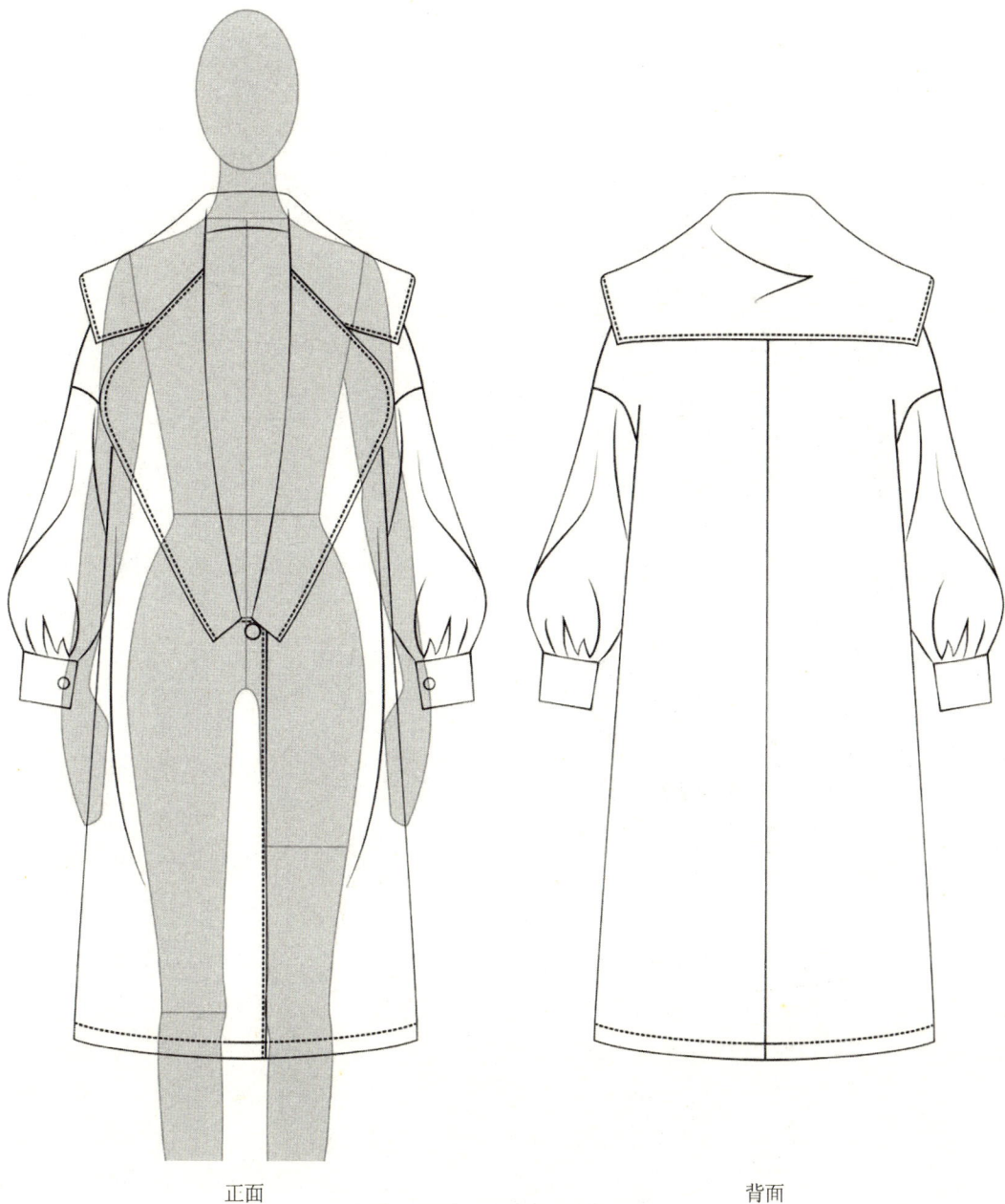

图3-2-30　落肩灯笼袖长款大衣

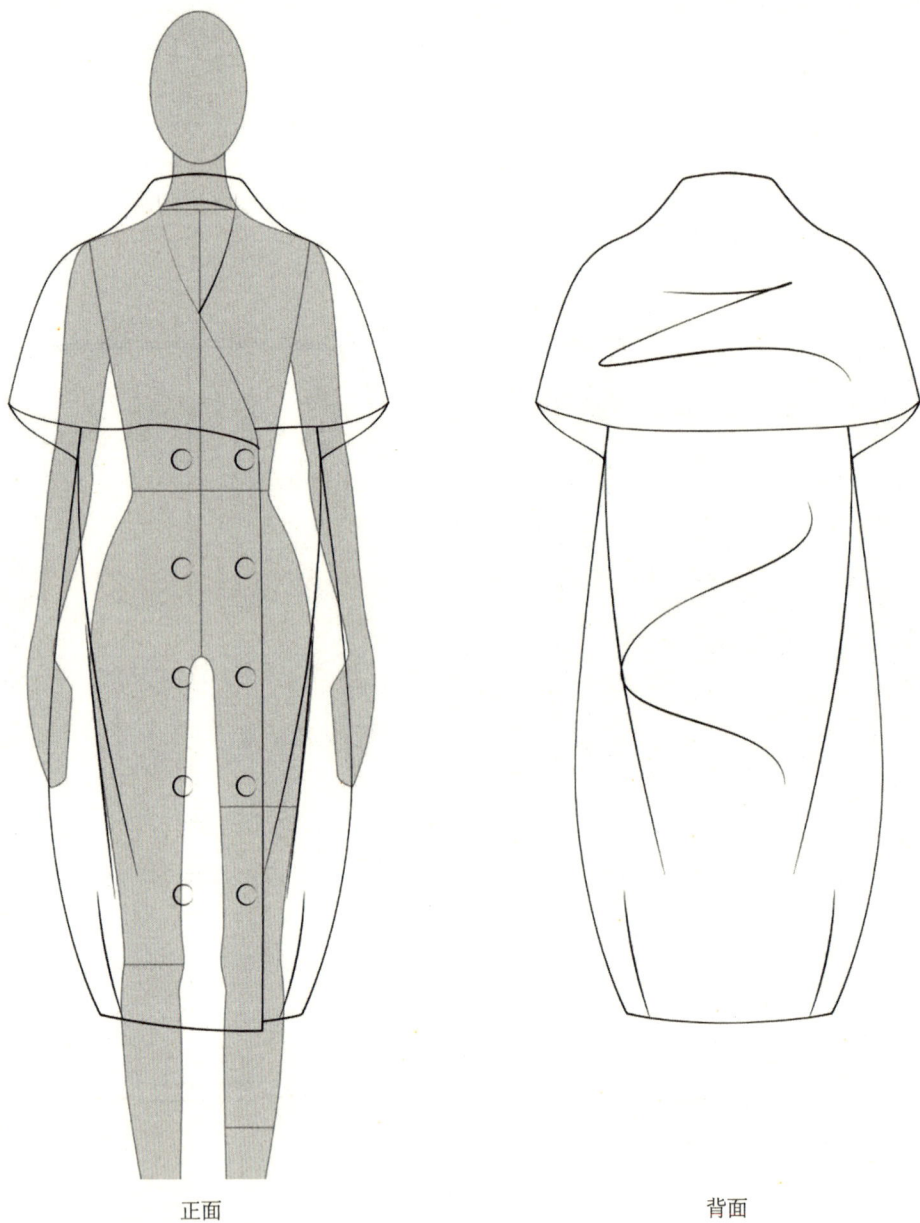

正面　　　　　　　　　　　　　　背面

图3-2-31　披肩茧型长款大衣

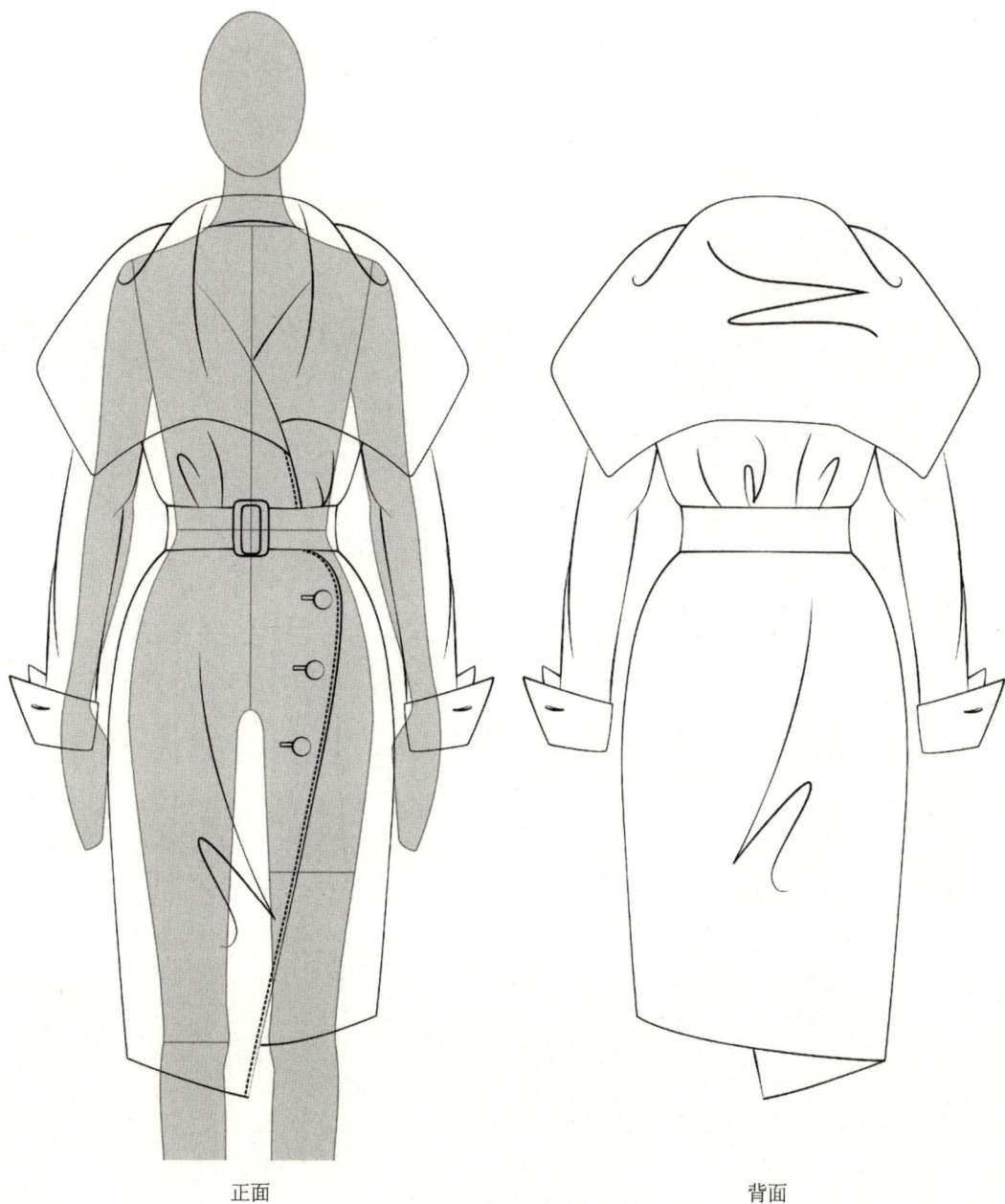

正面　　　　　　　　　　　　　　背面

图 3-2-32　盖肩领收腰大衣

正面   背面

图3-2-33　泡泡袖A型大衣

羽绒服、棉服绘制

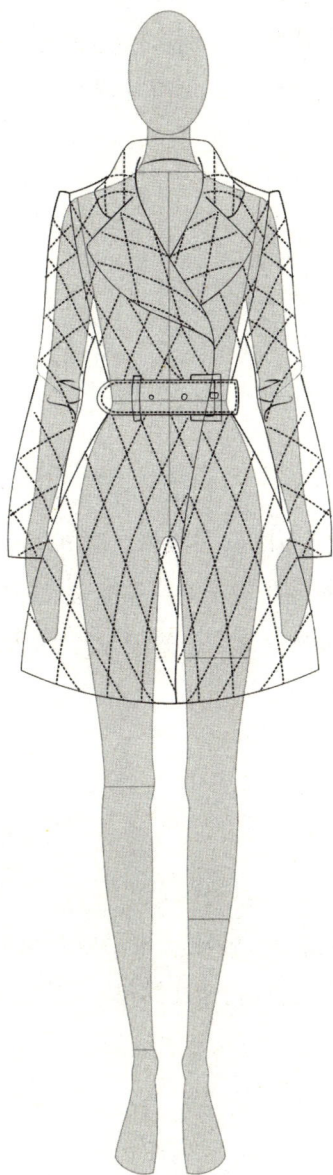

▶ 知识窗

羽绒服是内部填充羽绒填料的上衣，外形圆润，一般羽绒服鸭绒量占一半以上，同时可以掺杂一些细小的羽毛。羽绒服有重量轻、质地软、保暖性好的特点。现在的羽绒服款式基本解决了臃肿的问题，羽绒服看上去较薄，但保暖性却很好，而且向越来越轻薄的趋势发展。

棉服的填充物一般是棉或者聚酯纤维等人造棉。在风格款式上，棉服与羽绒服外轮廓看起来比较相似，但两者仍有明显的区别。棉服的款式较多，可以做出精致、个性出彩的款式，而羽绒服由于填充物的特性，款式相对较少。

▶ 任务目标

1.掌握羽绒服外形特征并能描述其款式特点。
2.能绘制羽绒服、棉服的款式图。

▶ 任务描述

以短款羽绒服为例，对羽绒服的款式风格、款式特点、绘制方法等进行分析。通过学习，使学生了解羽绒服款式的设计图表现，并能完成蓬松款式羽绒服的设计。培养学生具备羽绒服款式的资料收集和分析等能力，并能进行羽绒服款式图的绘制等。

▶ 任务实施

一、款式分析

图3-3-1所示的短款羽绒服短小轻便，采用收腰设计，造型凹凸有致，轻薄有型。此款羽绒服样式简单，装饰细节较少，更能体现女性的体型特征。

二、绘制步骤

按照人体比例画出重要的辅助线。如图3-3-2所示，一步一步绘制直至完成。

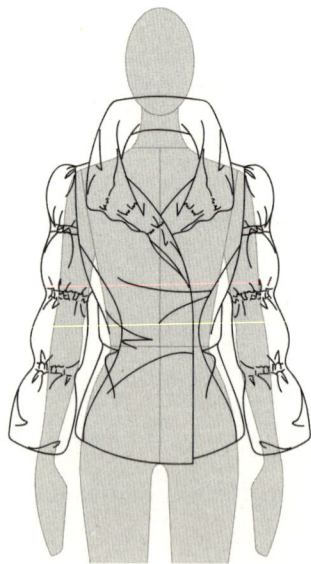

图3-3-1 短款羽绒服

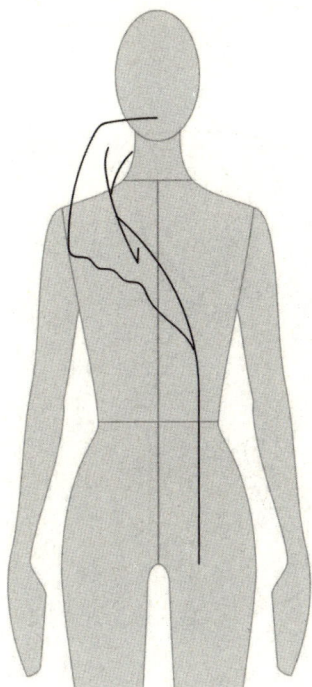

①绘制羽绒服领外形轮廓

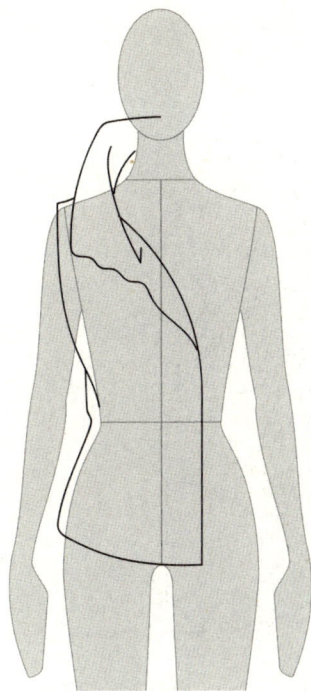

②绘制羽绒服左前片外形轮廓

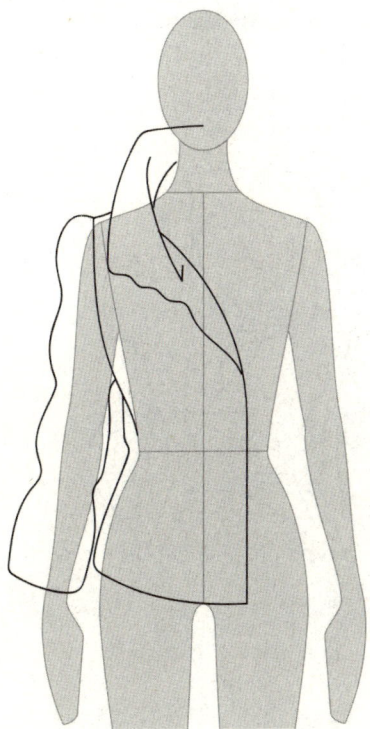

③绘制羽绒服左袖片外形轮廓

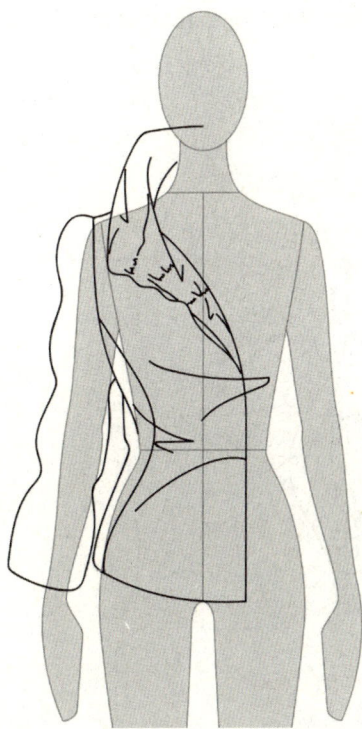

④绘制羽绒服内部缝迹折痕线和弧形
刀背分割线

图3-3-2

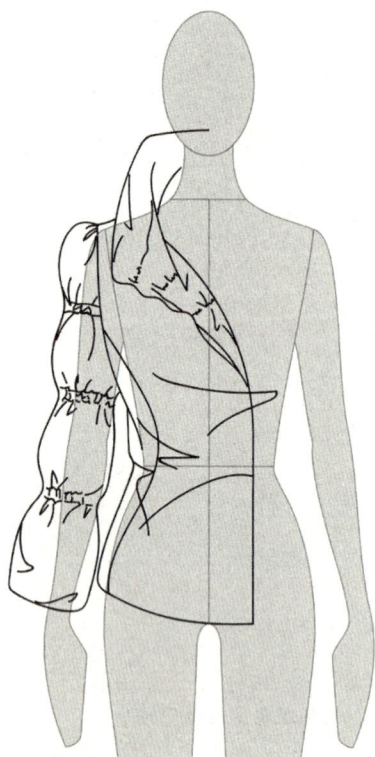

⑤绘制羽绒服袖片缝迹折痕线　　　　⑥复制左领片轮廓绘制出右领片轮廓

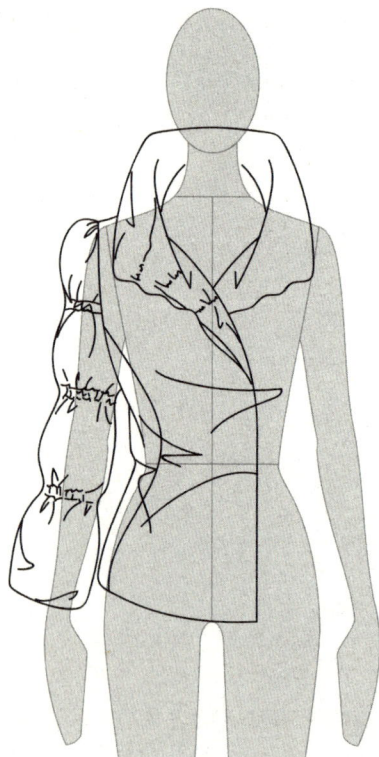

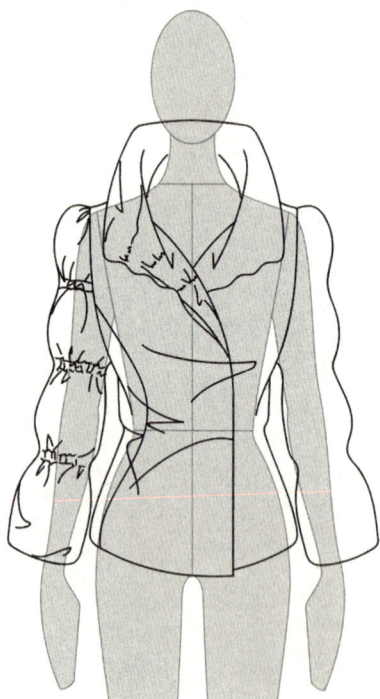

⑦复制左前片、袖片外形轮廓绘制右
　前片、袖片轮廓　　　　　　　　⑧完成整件羽绒服绘制

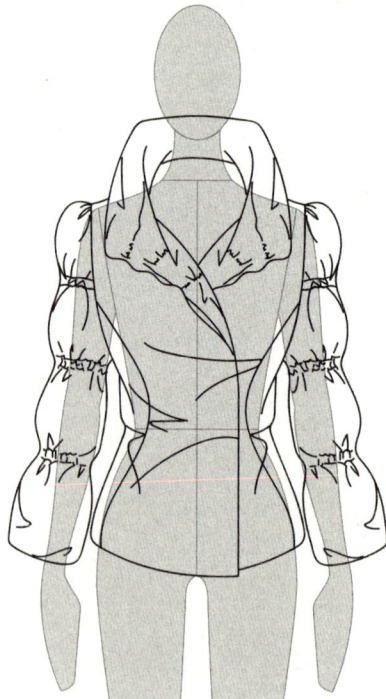

图3-3-2　短款羽绒服绘制步骤

三、技能实训

　　临摹如图 3-3-3~图
3-3-9所示羽绒服、棉服
款式图正、背面。

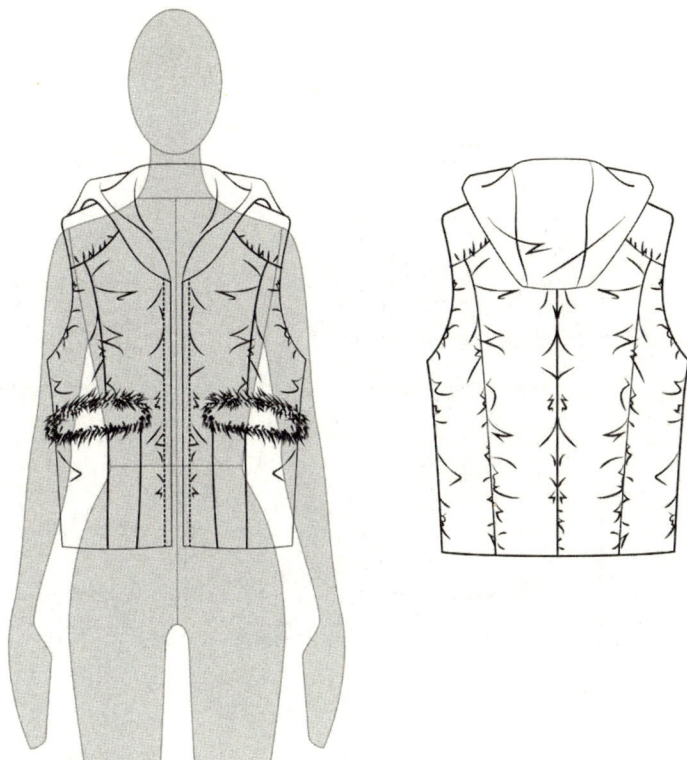

正面　　　　　　　　　　　　　背面

图3-3-3　连帽羽绒背心

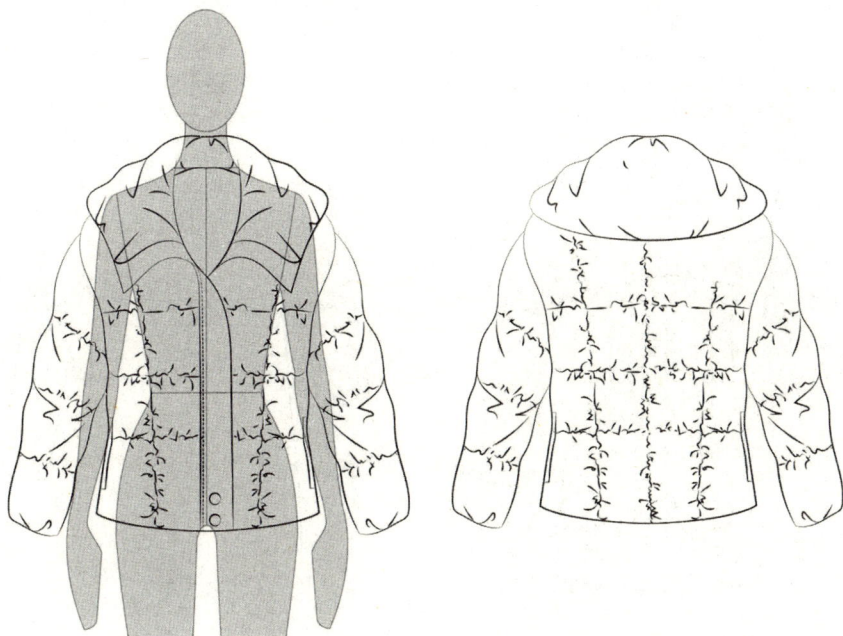

正面　　　　　　　　　　　　　背面

图3-3-4　大翻领面包羽绒服

正面 背面

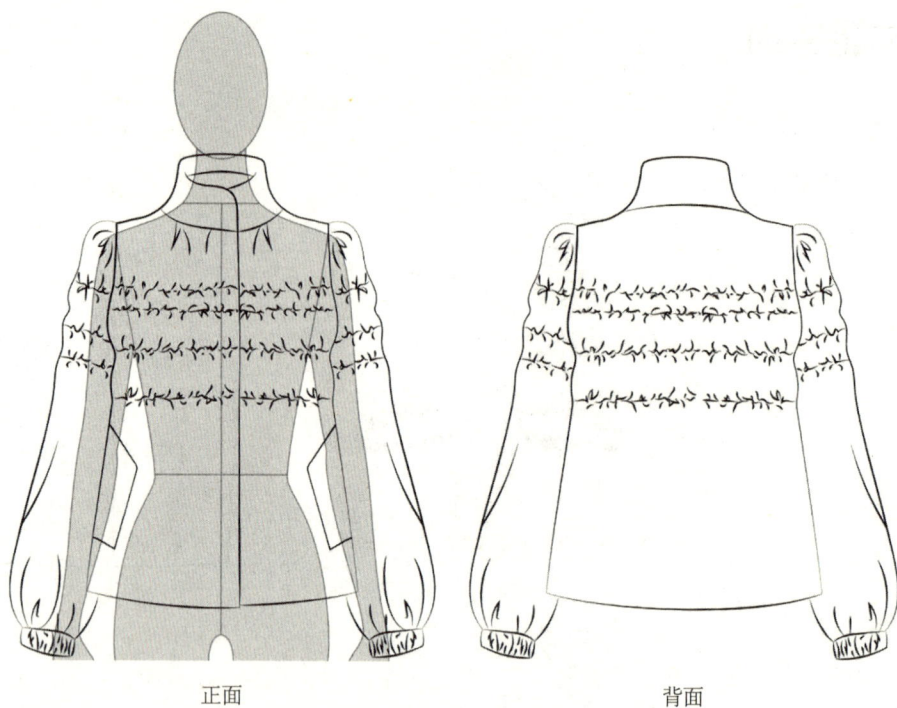

图3-3-5 立领泡泡袖棉服

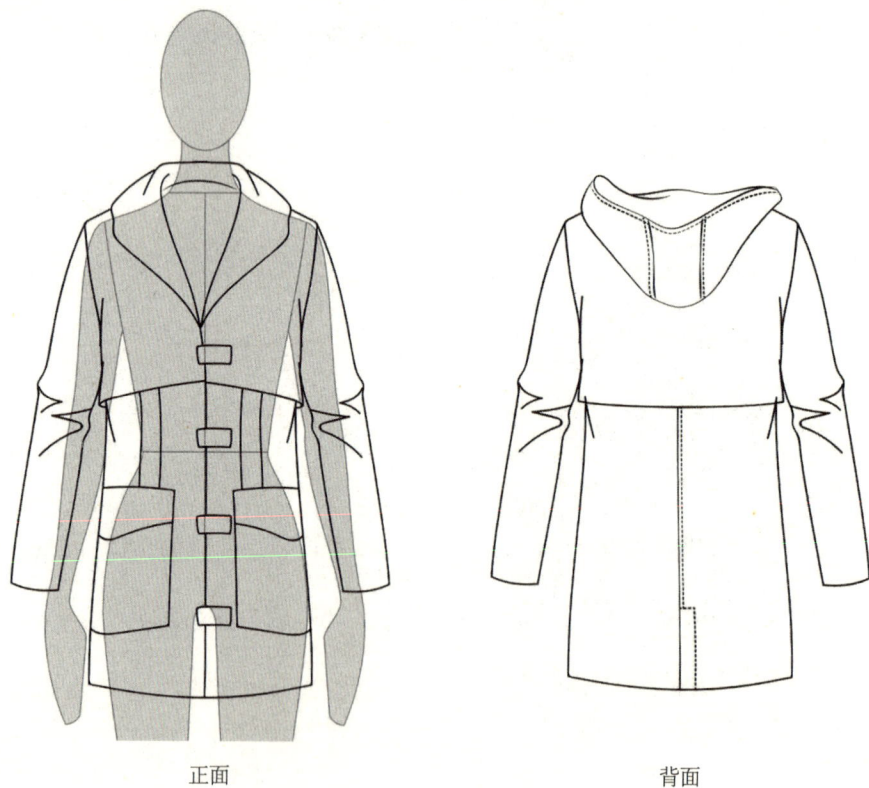

正面 背面

图3-3-6 连帽工装棉服

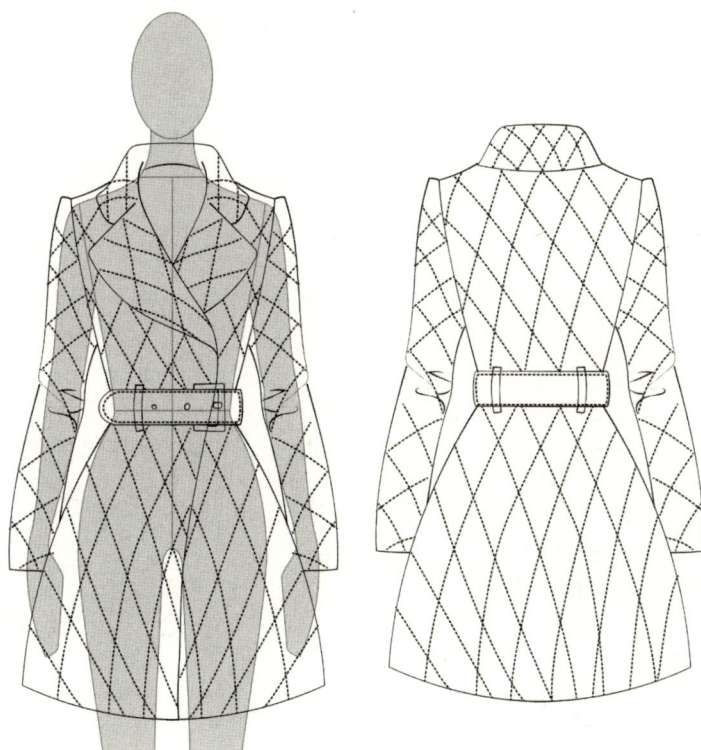

正面　　　　　　　　　　背面

图3-3-7　翻驳领菱形格棉服

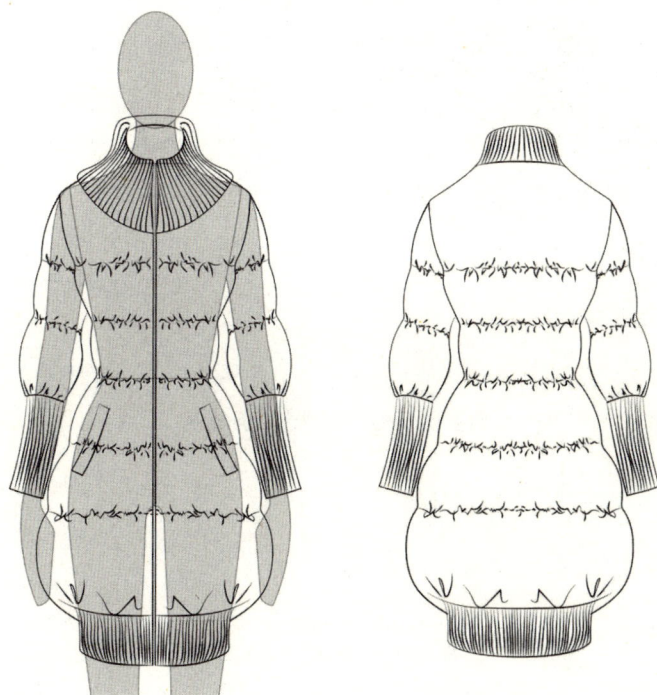

正面　　　　　　　　　　背面

图3-3-8　罗纹领袖羽绒服

正面

背面

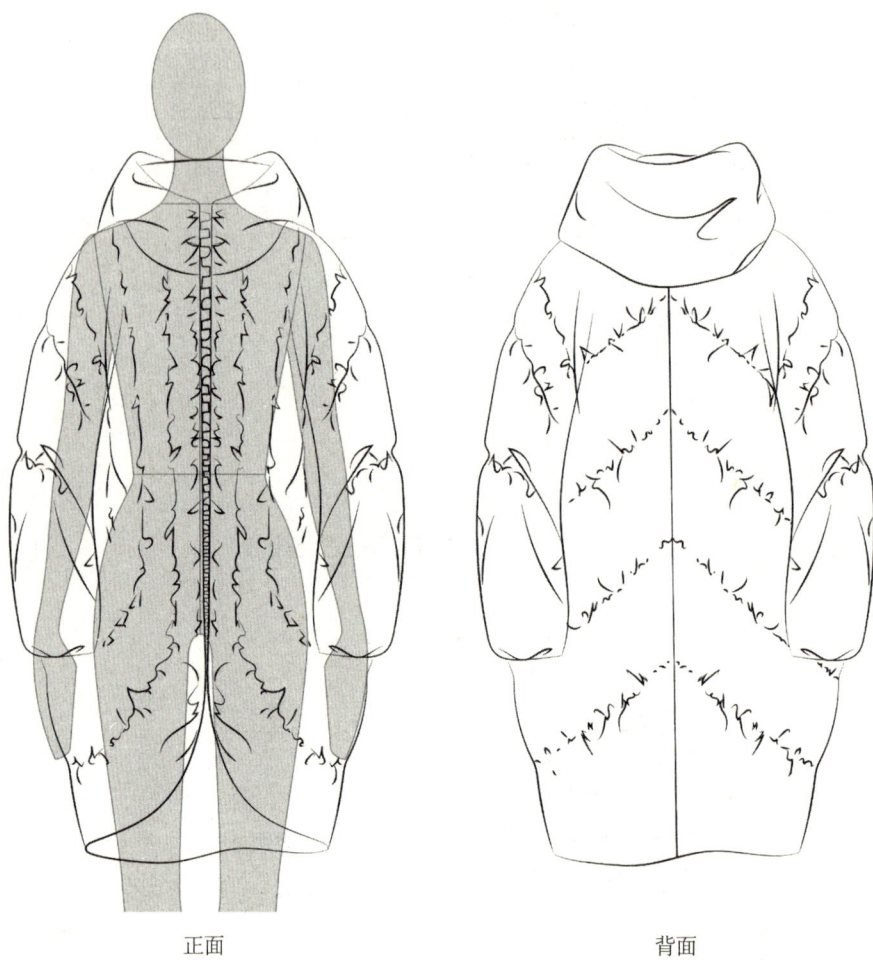

图3-3-9　茧型连帽羽绒服

连衣裙款式图绘制

日常款连衣裙绘制

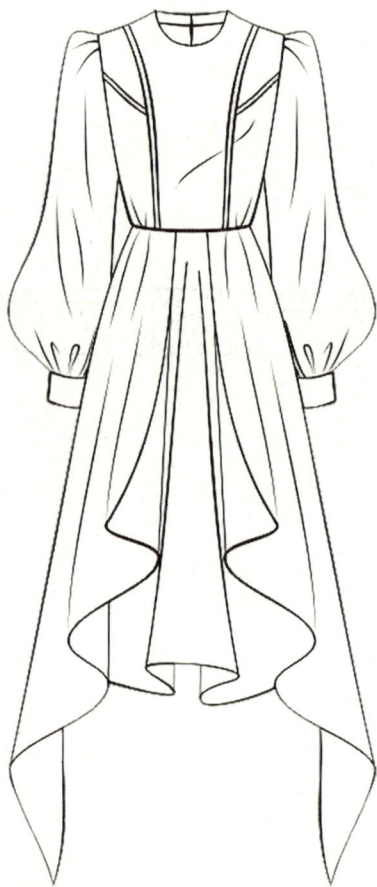

知识窗

连衣裙又称连体裙，是将上衣和裙子连为一体的服装。整体形态感强，造型灵活，穿着方便，便于展现女性优美身姿。不受面料的薄厚限制，适宜在不同的季节穿着。连衣裙风格迥异，适宜作职业装，也可作休闲装、礼服等，因此，受到不同年龄段人群的青睐。

连衣裙款式丰富，分类方法多种多样。可按松紧、廓型、腰位、袖子等进行分类，具体如下：

（1）按松紧可分为紧身型、合身型、松身型等。

（2）按廓型可分为A型（喇叭型）、X型（收腰型）、H型（直身型）、T型（上宽下窄型）等。

（3）按腰位可分为腰部无分割式与腰部有分割式两种，而腰部有分割式又可分为低腰型、中腰型、高腰型等。

（4）按袖子可分为长袖型、短袖型、无袖型及吊带型等。

廓型，是指一件衣服整体外部轮廓呈现的状态，即轮廓、外形和形状。服装廓型是区别和描述服装的重要特征。对于服装款式的流行预测，也常由服装廓型开始，把它作为流行款式的研究基准。

任务目标

1.掌握连衣裙款式特点及分类。

2.掌握连衣裙款式廓型。

3.能根据低腰、中腰、高腰连衣裙比例关系进行分割线设计。

4.能绘制A型、X型、H型、T型等不同连衣裙的廓型。

任务描述

该任务主要是掌握连衣裙款式图绘制比例，初步认识连衣裙款式特点及分类。掌握并能绘制出完整的连衣裙款式图，认识连衣裙外形特征及设计要点。通过学习了解连衣裙流行款式的设计图表现，使学生具备连衣裙款式的资料收集和分析等能力。

➤➤ 任务实施

一、款式分析

图4-1-1所示为插肩小碎褶 T 型连衣裙，廓型完美，能掩饰身材的缺陷，使穿着者看起来显瘦、知性。腰间分割的腰线设计起到了拉升效果。既不失职场女性的优雅端庄，又体现出穿着者的时尚与美丽，适合在不同场合穿搭。

二、连衣裙绘制步骤

首先要了解女性身体的结构和比例，其次按比例分段绘制出辅助线，如图4-1-2所示，一步一步直至绘制完成。

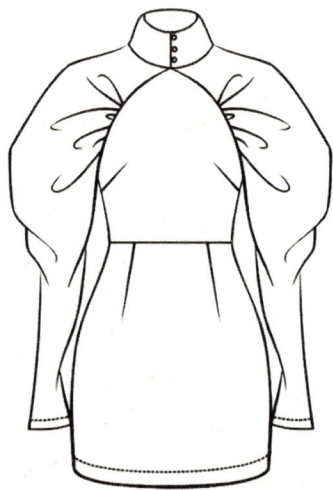

图4-1-1　插肩小碎褶 T 型连衣裙

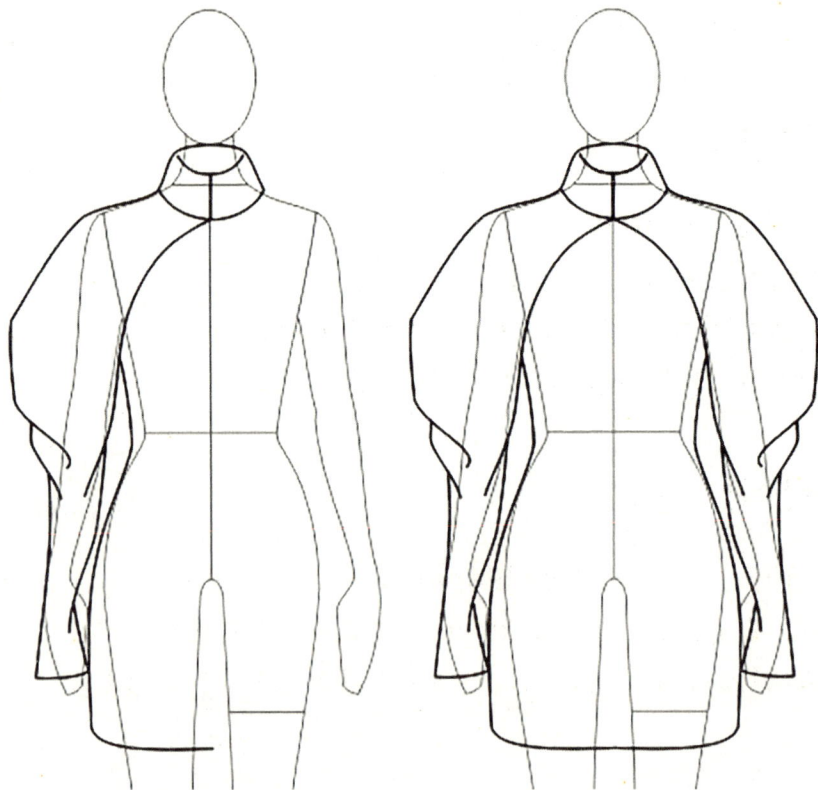

①绘制连衣裙款式左外轮廓　　②左右对称绘制连衣裙右外轮廓

③绘制连衣裙结构线、分割线

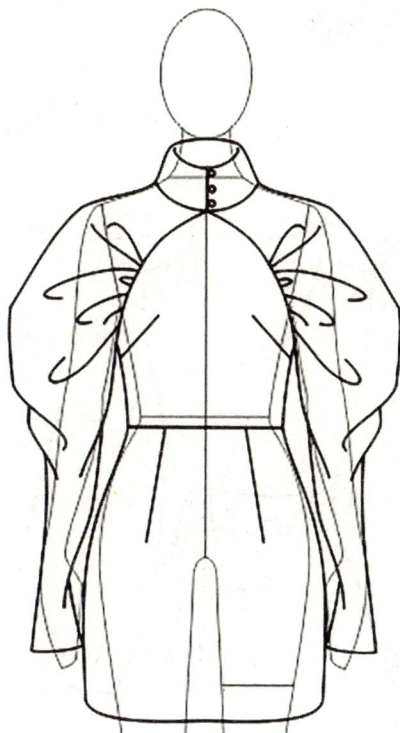

④绘制连衣裙纽扣、褶皱

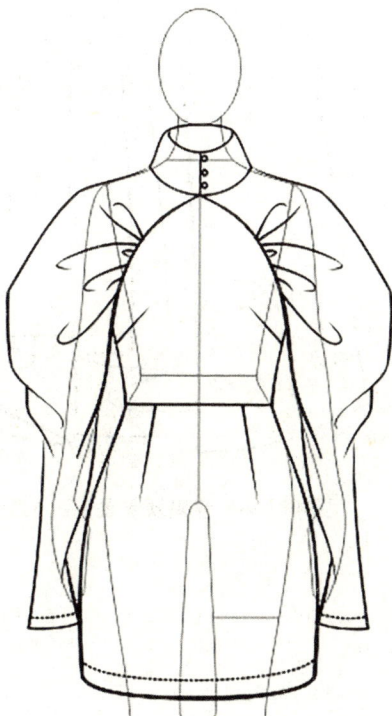

⑤绘制连衣裙明线

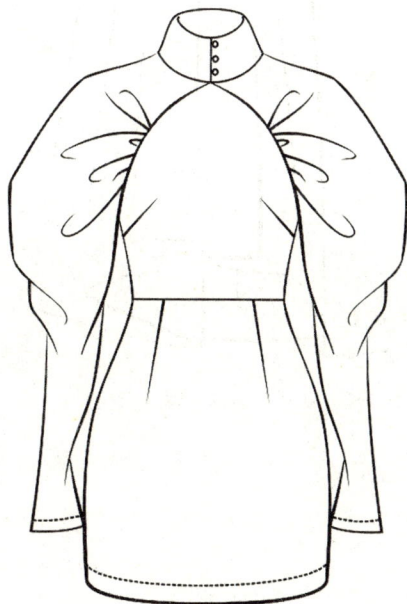

⑥连衣裙绘制完成

图4-1-2 插肩小碎褶T型连衣裙绘制步骤

三、技能实训

临摹图4-1-3~图4-1-12所示的连衣裙款式图。

图4-1-3　V领泡泡袖X型连衣裙

图4-1-4　青果领收腰长款A型连衣裙

图4-1-5　翻驳领长袖连衣裙

图4-1-6　波浪立领连衣裙

图 4-1-7　圆领波浪长裙　　　　　图 4-1-8　不对称领裙

图 4-1-9　立领半披 H 型连衣裙　　　　　图 4-1-10　飘逸长裙

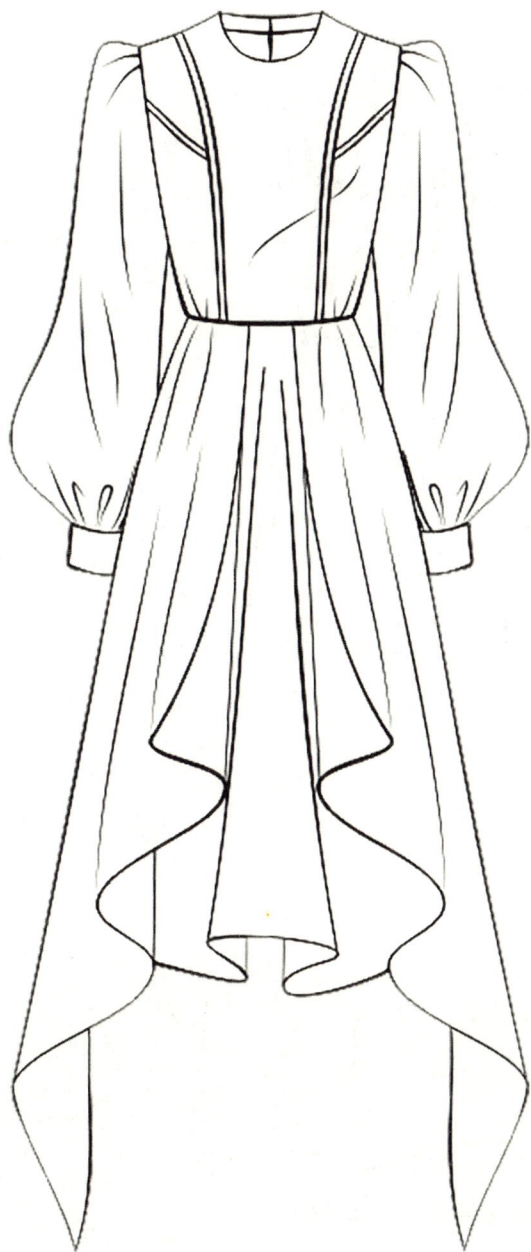

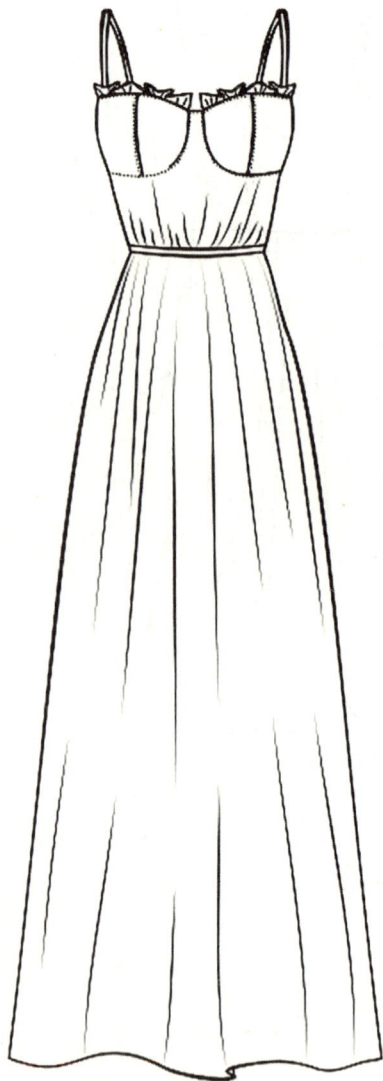

图4-1-11　吊带A型裙

图4-1-12　无袖蛋糕裙

礼服绘制

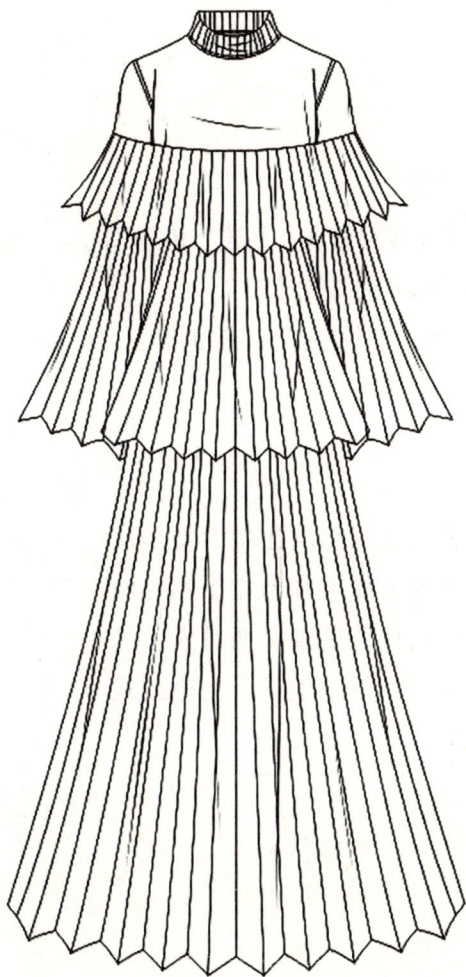

知识窗

　　礼服是以裙装为基本款式特征，在某些重要场合参与者所穿着的庄重且个性、时尚的服装。礼服有多种分类，一般分为小礼服和大礼服。小礼服是以小裙装为基本款式的礼服，具有轻巧、舒适、自在的特点。小礼服使穿着者显得高贵、淡雅，体现其品位与地位，备受女性喜爱。大礼服一般是参加大型晚会时所穿的正式礼服，也是档次最高、最具特色、最能展示女性魅力的女士礼服。

任务目标

　　1.掌握礼服款式特点及分类。
　　2.掌握礼服款式廓型（见本项目任务一的连衣裙款式）。
　　3.能根据礼服比例关系进行分割线设计。
　　4.能绘制A型、X型、H型、T型等不同礼服的廓型。

任务描述

　　该任务主要是掌握礼服款式图绘制比例，初步认识礼服款式特点及分类，掌握并能绘制出完整的礼服款式图，认识礼服外形特征及设计要点。通过学习了解礼服流行款式的设计图表现，使学生具备礼服款式的资料收集和分析等能力。

任务实施

一、款式分析

　　图4-2-1所示为一款晚礼服。大方得体、气质优雅、H型廓型完美，能掩饰身材的缺陷，使穿着者显得端正、知性。腰间的腰带设计起到了拉升效果，既不失女性的优雅端庄，又体现出穿着者的时尚与自信。

图4-2-1　晚礼服

二、绘制步骤

首先要了解女性身体的结构和比例，其次按比例分段绘制出辅助线，如图4-2-2所示，一步一步绘制直至完成。

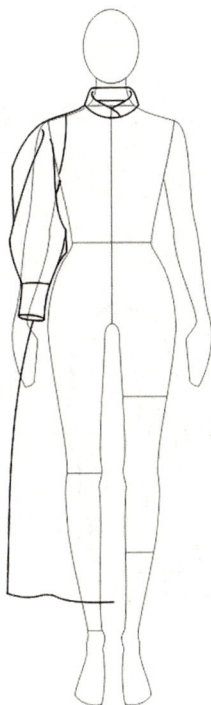

①绘制礼服款式左外轮廓

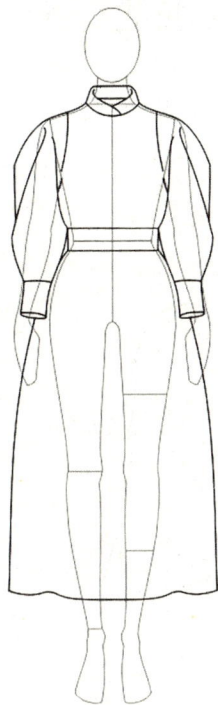

②左右对称绘制礼服款式右外轮廓

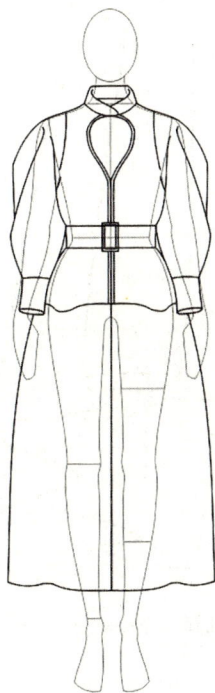

③绘制礼服结构线、腰带

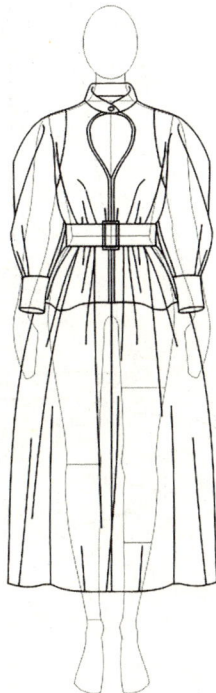

④绘制礼服着装褶纹

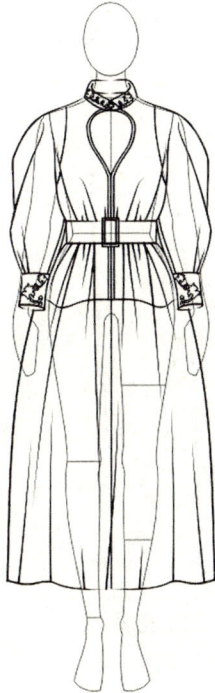

⑤绘制礼服图案

⑥礼服绘制完成

图4-2-2 晚礼服绘制步骤

三、技能实训

临摹图4-2-3～图4-2-10所示的礼服款式图。

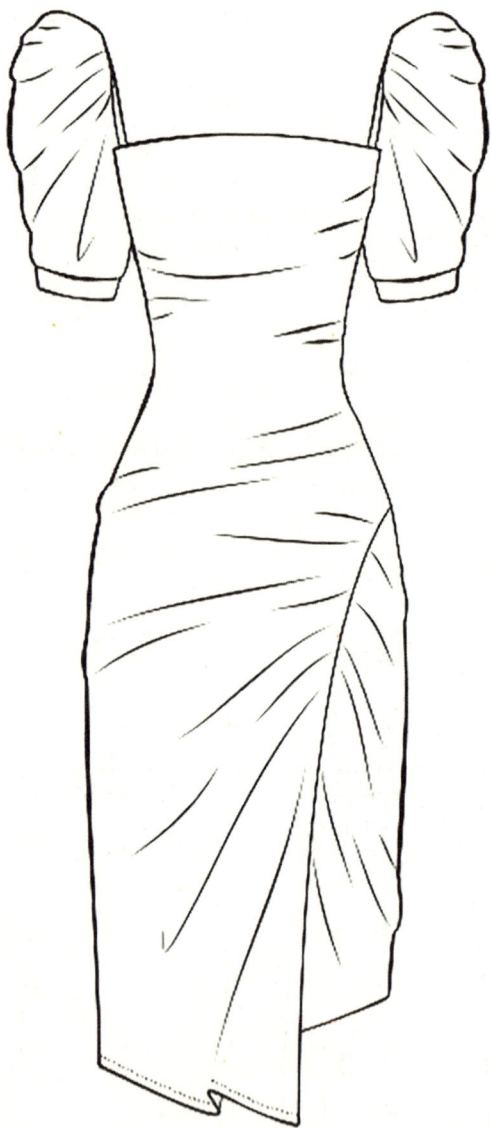

图4-2-3　包臀T型小礼服

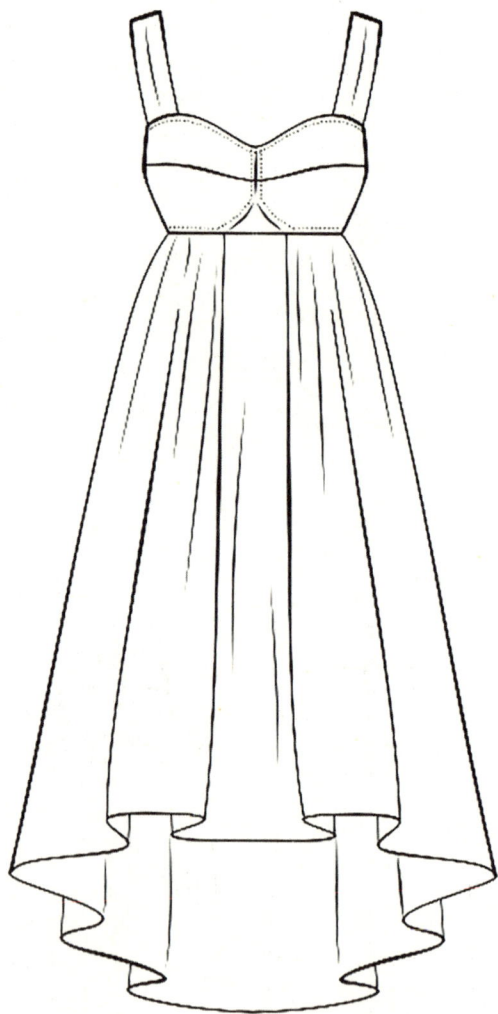

图4-2-4　吊带抹胸A型小礼服

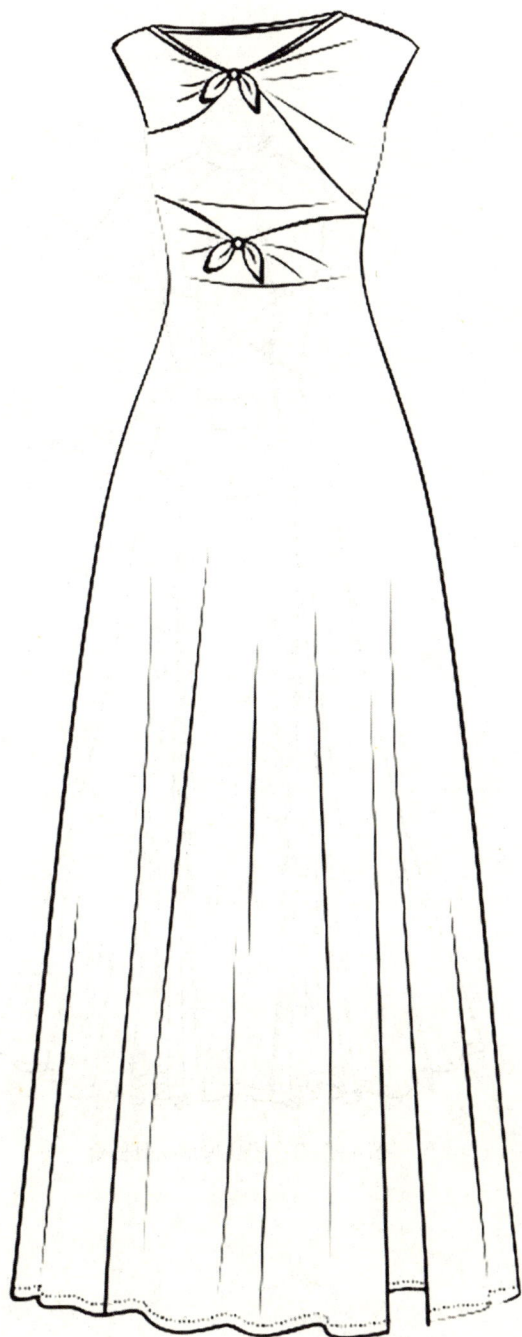

图4-2-5　不对称无袖礼服裙　　　　图4-2-6　抽褶高腰礼服裙

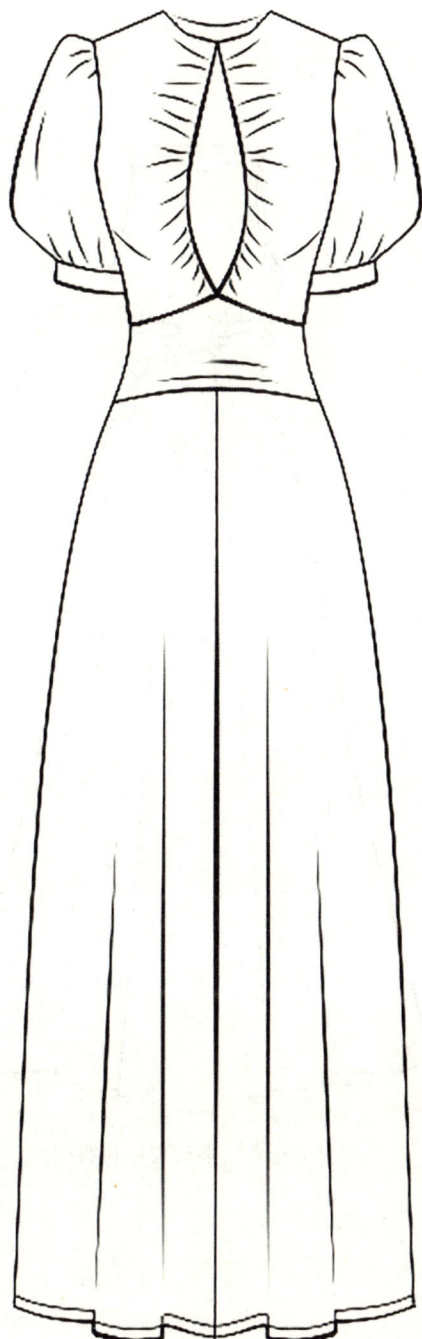

图 4-2-7　腰部镂空礼服裙　　　　　　　　图 4-2-8　修身拖地 X 型长裙

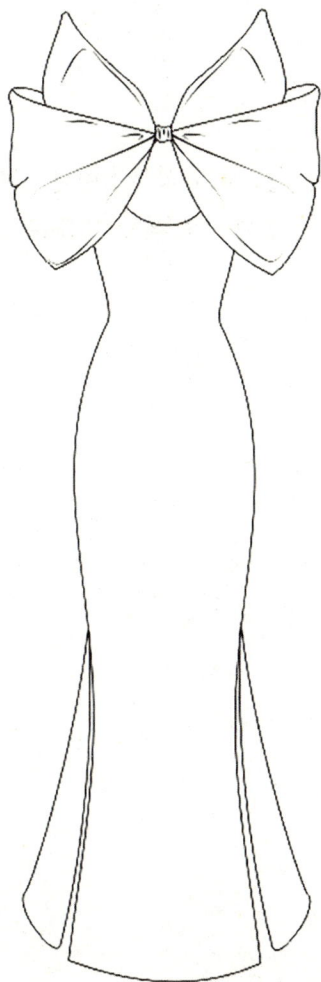

图4-2-9　鱼尾礼服裙

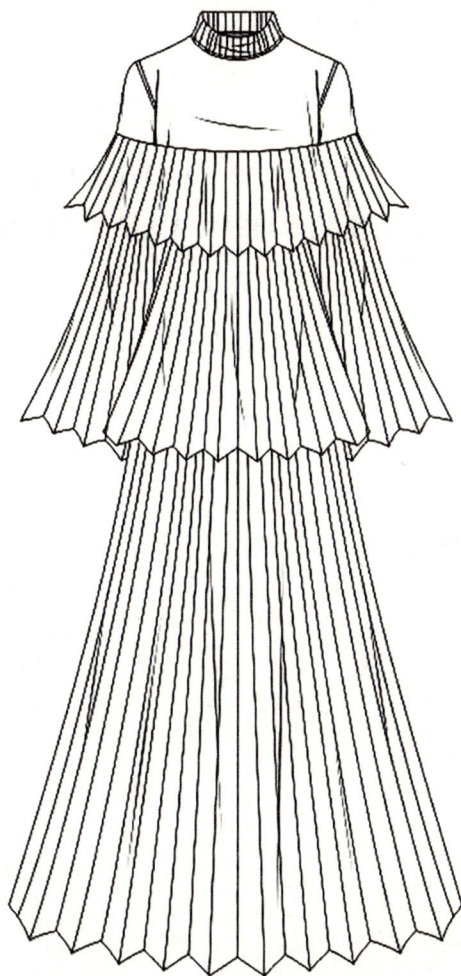

图4-2-10　长袖拖地礼服褶裙

参考文献

［1］竺近珠.女装产品设计图表达［M］.上海：东华大学出版社，2013.

［2］郭琦.手绘服装款式设计1000例［M］.上海：东华大学出版社，2013.